阳光新芽：
写给青少年及家长的抑郁心理健康科普

主编 黄薛冰 王玉璐

北京大学医学出版社

YANGGUANG XINYA: XIEGEI QINGSHAONIAN JI
JIAZHANG DE YIYU XINLI JIANKANG KEPU

图书在版编目（CIP）数据

阳光新芽：写给青少年及家长的抑郁心理健康科普 / 黄薛冰，王玉璐主编 . -- 北京：北京大学医学出版社，2025. 6. -- ISBN 978-7-5659-3429-2

Ⅰ. B842.6；G782

中国国家版本馆 CIP 数据核字第 2025884RE2 号

阳光新芽：写给青少年及家长的抑郁心理健康科普

主　　编：黄薛冰　王玉璐
出版发行：北京大学医学出版社
地　　址：（100191）北京市海淀区学院路 38 号　北京大学医学部院内
电　　话：发行部 010-82802230；图书邮购 010-82802495
网　　址：http://www.pumpress.com.cn
E - m a i l：booksale@bjmu.edu.cn
印　　刷：北京金康利印刷有限公司
经　　销：新华书店
责任编辑：梁　洁　　责任校对：靳新强　　责任印制：李　啸
开　　本：880 mm×1230 mm　1/32　　印张：3　　字数：80 千字
版　　次：2025 年 6 月第 1 版　2025 年 6 月第 1 次印刷
书　　号：ISBN 978-7-5659-3429-2
定　　价：20.00 元
版权所有，违者必究
（凡属质量问题请与本社发行部联系退换）

本书由
　　北京大学医学出版基金资助出版

编者名单

主编 黄薛冰　王玉璐

编者 （按姓名汉语拼音排序）

　　　　胡晓婉　北京大学第六医院
　　　　黄薛冰　北京大学第六医院
　　　　江圣荃　北京大学第六医院
　　　　李雅婷　北京大学第六医院
　　　　柳学华　北京大学第六医院
　　　　钱　英　北京大学第六医院
　　　　沈　玲　沧州市人民医院
　　　　王玉璐　北京大学第六医院

前　言

亲爱的读者们：

在漫漫人生长河里，青少年时期宛如一颗璀璨夺目的明珠，散发着独特而迷人的光彩，它是生命旅程中一个充满奇迹与可能的蜕变阶段。每个个体就像早春时节冲破土壤束缚、奋力生长的新芽，满怀着对未来的无限憧憬。在这个时期，生理功能会经历显著的变化，身体迅速发育，骨骼和肌肉日益强壮，展现出蓬勃的生命力；更为关键的是，青少年的心理世界如同一片刚刚开垦的肥沃土地，各种心理特质与社会适应能力开始破土萌芽，需要精心培育与呵护。

心理健康对于青少年而言，犹如阳光雨露对于春日新芽一样至关重要。它不是一个抽象的概念，而是实实在在地贯穿于青少年成长的每一个细微之处，成为滋养他们心灵的源泉。心理健康的青少年，内心世界充满阳光与希望，他们能够以积极乐观的心态去面对生活中的种种挑战，在挫折面前保持坚韧不拔的毅力，在困难时刻展现出强大的心理韧性。这种健康的心理状态，不仅能够帮助他们更好地理解自己、接纳自己，还能引导他们以友善、包容的态度去融入社会，与他人建立真挚而深厚的情感连接，从而为未来发展铺就一条光明坦途，引领他们朝着充满希望的未来稳步前行。

这本精心编撰的科普读物，承载着北京大学第六医院临床心理中心诊疗团队对青少年成长的深切关怀与殷切期望,它是专门为青少年和那些在青少年成长道路上扮演重要角色的家长、教师及其他心怀热忱的成年人量身定制的。我们衷心期望本书能够帮助大家在知识层面消除心理健康误区、提升心理健康素养,在技能层面习得缓解情绪、维护健康的方法,助力大家深入探索青少年心理健康领域。在接下来的篇章中,我们将携手并肩,一同揭开青少年心理健康的神秘面纱,深入剖析塑造他们心灵世界的关键因素以及背后隐藏的多元影响因素。更为重要的是,我们将共同探寻切实可行的策略与方法,学习如何在复杂多变的现实环境中为青少年的心灵筑起一道坚固的防护屏障,让他们在面对生活中的疾风骤雨时,依然能够保持内心的宁静与坚定,成长为拥有健全人格和强大内心的社会栋梁。

让我们一起开启这段心灵之旅吧!

黄薛冰

2025 年 5 月

目 录

第一部分　知识科普

第 1 章　情绪的概念和分类　/　5

第 2 章　情绪问题的识别　/　13

第 3 章　认识抑郁　/　17

第 4 章　认识焦虑　/　20

第 5 章　焦虑抑郁情绪的预防与应对　/　25

第 6 章　家庭照护　/　32

第二部分　技能科普

第 7 章　正念入门　/　44

第 8 章　呼吸练习　/　47

第 9 章　着陆练习　/　51

第 10 章　全身扫描　/　53

第 11 章　安静的练习　/　56

第 12 章　专注力训练　/　58

第三部分　名家问答

第 1 问　如何判断孩子是否心理健康？ / 63
第 2 问　影响孩子心理健康的主要因素有哪些？ / 66
第 3 问　青少年抑郁的主要表现是什么？ / 68
第 4 问　孩子抑郁了怎么办？ / 69
第 5 问　孩子表现出自残或自杀倾向怎么办？ / 71
第 6 问　孩子不想上学怎么办？ / 74
第 7 问　孩子吸烟、饮酒怎么办？ / 76
第 8 问　孩子与人发生冲突怎么办？ / 78
第 9 问　孩子不愿与家长说话怎么办？ / 79
第 10 问　孩子爱攀比怎么办？ / 81
第 11 问　孩子敏感、冲动怎么办？ / 83

第一部分

知识科普

您了解孩子的情绪吗？

孩子尖叫、哭泣、摔东西就是胡闹吗？

在精神心理科门诊，医生会接诊很多因情绪表达被误读而身处困境的青少年。他们常通过激烈行为来宣泄情绪，却被简单地贴上"叛逆""不懂事"的标签，其根源是成年人对青少年情绪的认知不足。

在日常生活中，家长对青少年的情绪往往存在误解，认为突然摔门、大声放音乐、与父母争吵是叛逆的表现，并常用"青春期过了就好"等话语敷衍，简单地把负面情绪看作叛逆，用指责、惩罚来压制，这不仅无法解决问题，还会让青少年的情绪更加压抑，引发更严重的心理问题。从神经科学角度看，青少年的大脑发育处于关键期，负责情绪控制、合理决策的前额叶皮质系统尚未发育完善，而掌管情绪反应的边缘系统却很活跃，这种神经发育时差使他们在面对强烈情绪时，理性思考暂时关闭（"杏仁核劫持"），难以像成年人一样理性应对。

例如，初三女生小琳原本成绩优异，却突然开始逃课、顶撞老师、在课堂上捣乱，经常被家长和老师批评。通过深入了解后发现，是巨大的升学压力和父母的过高期望使她不敢倾诉，只能用极端行为来表达不满与痛苦。又如，高一男生小宇沉迷网游、彻夜不归，父母打骂和限制也无济于事。实际上，他是因为缺少朋友和父母的理解，才把情感寄托在游戏里。

在青少年心理健康案例中，还有一个令人痛心的真实事件：一位17岁的少年像平常一样与母亲告别去上学，还向母亲送上温馨的节日祝福。在母亲眼中,孩子一直性格开朗、积极向上。然而,在学校里,他却展现出了截然不同的一面。与他朝夕相处的同学们发现,他的情绪波动极大,时而活泼健谈、与大家愉快地开玩笑,时而又陷入低落,即便有人主动关心问候,也得不到回应。更令人担忧的是,他偶尔会出现自伤行为,用尖锐物品划伤手臂,甚至说过"不想活了"这样绝望的话。这些看似矛盾的表现,将这位少年内心深处的痛苦与挣扎展露无遗。他或许早已在情绪的泥沼中苦苦挣扎,却没能让最亲近的人及时察觉到自己发出的求救信号,最终酿成了悲剧。

这种在不同场合中的性格反差(如在学校和家中的情绪状态完全不一样)可能是青少年心理健康不良的极强信号。如果家长或老师及早意识到问题并科学寻求帮助,或许能避免悲剧的发生。

诸多社会事件和家庭悲剧启示我们,重视青少年情绪健康和心理健康,了解和理解情绪问题,学习疏导情绪的方法,并适时寻求帮助,对于青少年的成长成才至关重要。

第1章　情绪的概念和分类

一、情绪的概念

从心理学角度看，情绪是一种复杂的心理现象，它与认知和意识过程密切相关。认知过程帮助个体对外部事物进行感知、理解和评价，在此基础上，个体形成对外部事物的态度，而情绪是对这种态度的体验。例如，当个体认识到自己通过努力获得了好成绩，就会产生喜悦的情绪，这是基于对成绩（外部事物）的认知及对自身努力成果的积极态度而产生的体验。换言之，情绪是大脑对外部客观事物与主体需求之间关系的反应，是以个体需要为中介的一种心理活动。通俗来讲，情绪是个体在面对外部事物时，内心产生的感受、反应和态度，如高兴、愤怒、悲伤、恐惧等。

情绪包括主观体验和客观体验，高兴或愤怒属于主观感受性体验。情绪的客观表现常常被人们忽视，如在高兴或愤怒时，表情、呼吸、心跳会发生改变。除了语音、语调、表情、姿势等外在表现外，情绪还会伴随着一些生理活动（如呼吸、心率、血压）的变化，身体与情绪是联动的。

很多青少年不会表达情绪，或是压抑自己的情绪，通常会通过躯体的方式来表达情绪。因此，我们需要积累一些心理学知识，从而避免误解、错怪，甚至伤害孩子。

二、情绪的分类

情绪的分类体系通常是大众的知识盲区与认知误区。其中，最为基础且重要的分类是将情绪划分为基本情绪（图1）和高级情绪。这两类情绪在产生机制、表现形式上存在显著差异，反映了人类心理活动从简单本能到复杂社会化的演变过程。

图1　6种幼儿面部表情。A.喜；B.怒；C.哀；D.惧；E.惊；F.厌

1. 基本情绪

基本情绪共有6种，包括喜、怒、哀、惧、惊、厌，这是人类与生俱来、根深蒂固的原始情绪，是体内镌刻的"情绪基因"。基本情绪并非经后天习得，也非由他人传授，而是直接受控于大脑最原始的区域。

喜，即高兴，是个体在获得满足、成就或愉快体验时的自然反应，它提醒人们，应该庆祝和享受这一刻。高兴与积极的社会互动、个人满足和幸福感相关联。例如，青少年在获得符合预期的好成绩时会感到由衷的高兴。高兴情绪鼓励个体继续追求更多的成就和愉悦，为生活增添动力。

怒，即愤怒，是个体感到委屈或目标受阻时的自然反应，它提醒人们在被冒犯时要行动起来。例如，当被父母命令去做不感兴趣的事情时，愤怒情绪会给对方传递信号，表达对不合理要求的不满。愤怒产生负面体验的原因是它常与破坏性行为（大喊大叫、砸桌子）相关联，因此应区分愤怒的消极反应与情绪体验。当愤怒来临时，应及时关注并理解它所传递的自我保护信号。

哀，即悲伤，是当个体失去重要的人、珍贵的东西，或在重要的事情上遭遇失败、挫折时，产生的难过的情绪。悲伤时，内心仿佛被利刃刺痛，难以用言语来表达。例如，当经历至爱之人离世、分手或失去心爱的物品时，悲伤情绪会使个体的身体变得沉重，产生消极情绪，对事物失去兴趣；当好朋友去另一个城市生活时，个体可能会因悲伤而不想结交新的朋友。此外，悲伤情绪的一个重要功能是，可以向他人传递需要支持与安慰的信号，寻求对方的帮助。

惧，即恐惧，是天然的警报系统。它提醒人们可能身处危险情境并需要采取行动来保护自己。想象一下，在过马路时，一辆车突然径直开过来，几乎所有人在这种情境下都会被立即诱发出恐惧情绪，并伴随让身体准备逃跑的生理变化，如心率加快（让更多的血液涌入四肢）、瞳孔放大（监测危险信号）。因此，恐惧情绪能帮助个体脱离危险。

惊，即惊奇，是当个体遇到意料之外的事情时产生的情绪，它提醒人们对新奇事物保持好奇并进行探索。例如，听到令人惊讶的消息、看到新颖的创意，或朋友们偷偷为你准备了惊喜的生日派对时，就会产生惊奇的情绪。惊奇情绪能让个体保持开放的心态，愿意接受未知和新挑战，有助于拓展思维和视野。惊奇情绪打破了人们对世界的固有认知，激发了想象力和探索欲。

厌，即厌恶，是个体对某些刺激、情境或事物感到不适或排斥时的自然反应，它提醒人们要远离那些有害或令人不悦的事物。例如，当看到他人随地吐痰或闻到食物散发出异味时，本能反应就是厌恶。厌恶与不愉快的体验密切相关，通常伴随生理不适感（如恶心），它能够保护个体免于接触可能带来伤害或不适的事物。

基本情绪犹如生活中的调色大师，为人们的世界添上了斑斓的色彩，使其更加生动多彩，也更加真实可触。

2. 高级情绪

高级情绪是人类特有的情感体验，相较于基本情绪，它们更为复杂、抽象且层次更高。高级情绪的产生通常与自我意识、自我评价、价值观、审美观及认知能力等多个方面密切相关。高级情绪是人类情感世界中不可或缺的一部分，它们使人类能够更深刻地理解世界，更全面地认识自我，并在复杂多变的社会环境中做出更加理智和明智的选择。具体来说，高级情绪包括但不限于以下几种类型。

道德感是个体在评价思想、意图和行为是否符合道德标准时产生的情感体验。例如，当看到他人行善时产生敬佩感，或对不道德行为产生愤慨和谴责感，都是道德感的表现。

理智感是个体在认识和评价事物过程中所产生的情感体验。它是人们学习科学知识、认识和掌握事物发展规律的动力。例如，解开一道难题时产生的成就感，或对未知事物产生的好奇心和探索欲，都是理智感的表现。

美感是个体根据一定的审美标准评价事物时所产生的情感体验。美感不仅包括对艺术作品的欣赏，也包括对自然景观、人文景观及日常生活中的美好事物的感受。例如，欣赏一幅美丽画作时产生的愉悦感，或对大自然壮丽景色的赞叹，都是美感的表现。

此外，高级情绪还包括诸如嫉妒、自豪感、羞耻感、无助感、乐观感等多种复杂的情感体验。这些情绪往往与自我认知、社会交往以及生活经历等因素密切相关。它们不仅能丰富人们的情感世界，还可对行为和决策产生深远的影响。

基本情绪和高级情绪的分类非常关键，因为高级情绪是在大脑认知发育后才逐渐开始发展。因此，对于基本情绪，应允许其存在，不能过度压抑，而对于高级情绪，应在适当的年龄段适时引导。掌握基本情绪和高级情绪及二者的区别，有助于理解其发展阶段，并学习如何进行引导，这对于帮助青少年合理表达基本情绪和发展完善高级情绪至关重要。

3. 正性情绪和负性情绪

正性情绪通常被视为积极的、愉悦的情绪体验。当取得成就、收获喜悦、感受到爱与被爱时，心中涌现的快乐、满足和幸福，就是正性情绪的流露。它不仅能够提升心境，增强自信心，还能促进身心健康，让人们以更加积极的心态去面对生活中的挑战和困难。

负性情绪与正性情绪相对立，它带来的是消极的、不愉快的情绪体验。当遭遇挫折、失去亲人、面临压力时，心中产生的悲伤、愤怒、焦虑和恐惧，就是负性情绪的体现。负性情绪像一片乌云，让人们感到生活充满了阴霾和困顿。然而，负性情绪也并非全然无益，它能够提醒人们关注问题，激发应对机制，并采取行动改变现状。

正性情绪和负性情绪相互对立，又相互依存。在生活中，我们应学会合理地调节和控制情绪，让正性情绪成为生活的主导，让负性情绪在适当的时候发挥其警示作用，从而更好地驾驭情绪，享受更加美好的人生。

值得注意的是，在传统文化中，愤怒、悲伤、恐惧等负性情绪通常不被接纳，尤其是对于男性。例如，经常听到类似"你是男子汉，怎么能害怕？""哭哭啼啼，没有出息，像个姑娘似的"的规训。心理门诊曾遇到一位长期情绪压抑的青少年患者，在谈到恐惧情绪时他面无表情。当询问原因时，他说："我的人生字典里不应该出现恐惧这个词，10多年来我都是这样被教育的，遇到问题不应该害怕，害怕就是懦夫"。然而，负性情绪是与生俱来的，过度压抑很可能会转化为躯体症状、心理疾病或精神障碍。此外，中国人讲究和气生财、与人为善，尽量不表达愤怒。但是，如果没有学会合理地表达愤怒情绪，则可能为未来罹患抑郁症、焦虑症埋下种子。

三、儿童及青少年的情绪发展阶段

1. 1岁以内

0~1岁的婴儿只有基本情绪，家长在这一阶段应该无条件地接纳其情绪，帮助其建立安全感。有人建议对3~6月龄婴儿的哭闹采取"置之不理"的训练方式，但这一方法存在问题，因为3月龄的婴儿尚未建立安全感，忽视会让他们感到世界不安全，即便停止哭闹，内心也可能转为恐惧并伴随其一生。因此，应对0~1岁婴儿的情绪保持敏感，及时给予回应和关怀。

2. 2~3岁

1岁以内的幼儿常认为与母亲共生。1岁后，儿童会通过照镜子意识到自己是独立个体。2~3岁的儿童会逐渐形成自我概念，学会控制大小便，萌发害羞等高级情绪。由于2~3岁儿童的自我概念还处在发展阶段，若此时对孩子进行苛刻训练（如尿床时严厉批评），易使其产生过度羞愧和极度紧张，阻碍心理和情感发育。

例如，2岁的朵朵刚学会自己上厕所，但偶尔还会尿床。一次尿床后，妈妈在客人面前大声斥责她"这么大还尿床，羞不羞"，朵朵立刻涨红了脸，躲在角落里不敢出声。此后，朵朵变得特别害怕上厕所，晚上睡觉也不敢喝水，性格也愈发胆小、敏感。

3. 4~6岁

4~6岁的儿童会进入与他人互动的世界。此阶段应引导孩子学会分享和合作，理解他人的需求，并学习情绪控制。当孩子出现负性情绪时，家长需注意将孩子的负性情绪控制在合理范围内，而不影响他人。例如，小华在玩游戏时输了，他非常生气，开始大声哭闹，甚至推搡其他小朋友。此时，家长或老师可以平静地对小华说："我知道你现在很生气，但推别人是不对的。你可以深呼吸，或告诉我为什么生气，我们一起想办法解决。"通过这种方式，孩子能逐渐学会在情绪激动时冷静下来，并用适当的方式表达自己的感受。

4. 7~12岁

7~12岁是高级情绪发展的重要阶段，这一阶段的孩子会形成道德感、美感、责任感等。例如，孩子会说"今天一定不能迟到，不然我们组要扣分。"这体现出了孩子的责任感。此外，在门诊中有时会遇到打扮得很时髦的抑郁症青少年患者，他们会说："以前学校不让留长发，妈妈看到我偷偷化妆、穿漂亮裙子就会说我不务正业，反正现在生病了，爱怎么样就怎么样。"因此，对于合理的美的需求，过分压抑会物极必反，需要引导孩子在适合的场合恰当地展现美。

嫉妒感也是在这个阶段

发展出来的重要情绪。例如，二孩家庭的爸爸妈妈和老二亲密互动时，老大可能在旁边哭泣，这是一种很自然的嫉妒情绪。此时，父母应引导老大表达需求，而不是对弟弟或妹妹心生怨恨或压抑嫉妒。

5. 13～18 岁

进入青春期后，青少年需要经历与家庭分离，实现个体化和独立做决定，此时他们常会在理智和情绪之间波动，又因激素的影响而在成熟和幼稚之间摇摆。例如，16 岁的小强想和朋友一起参加音乐节，但家长担心其安全问题。此时，家长可以说："我理解你想和朋友一起玩，但我们必须确保你的安全，你需要全程和我们保持联系，而且在晚上 10 点前回家。"通过这种方式，家长既支持了孩子的独立性，又设定了必要的安全界限。因此，在这一阶段，家长应了解孩子需要同伴的陪伴，并学会适度放手，让孩子能自己做主，同时又划定红线，避免其受伤。

第 2 章　情绪问题的识别

在青少年的成长过程中,情绪问题是一个常见但容易被忽视的现象。情绪问题不仅会影响孩子的心理健康,还可能对他们的学习、社交和家庭生活产生深远的影响。因此,及早识别孩子的情绪问题,并给予适当的支持和干预,显得尤为重要。

然而,青少年的情绪问题并不总是显而易见的。他们可能不会直接表达自己的感受,而是通过行为、态度或身体反应来传递信号。作为家长、老师或照顾者,需要敏锐地观察孩子的日常表现,捕捉那些可能暗示情绪问题的线索。以下4个常见的情绪问题线索将有助于识别青少年的情绪问题。

第一,生理变化。需注意孩子吃饭、睡觉和二便的变化。如果孩子总是出现噩梦或睡眠质量差、食欲减退、二便异常,无法通过消化系统疾病、心脏病、呼吸系统疾病等解释,且这些生理功能的变化持续超过2周,甚至超过3个月,则应引起重视。

第二,脾气改变。如果既往性格温和的青少年突然变得脾气特别差,经常发火,甚至对家人和朋友也失去了往日的耐心,应先考虑青春期的正常反应。同时,根据不同年龄段青少年的情绪特点进行细致比对,判断脾气改变是否超出了青春期的正常范围。

如果脾气改变持续且剧烈，并伴随其他异常行为（如失眠、厌学），则需高度重视。此时，可询问专业的心理咨询人员或医生，以便及时准确地了解孩子的情绪状况，并给予适当的帮助和支持。

第三，效率下降。如果孩子写作业、看书等突然变得拖拉，对写作业产生抵触情绪，甚至不想上学，则可能意味着孩子正面临某种情绪困扰。例如，12岁小林的爷爷突然因病去世，原本开朗活泼的他变得沉默寡言，经常独自待在房间，反复翻看和爷爷的合照；上课时注意力难以集中，成绩明显下滑，晚上入睡困难、频繁做噩梦；以往喜欢的篮球活动也不再参与，面对朋友的邀约总是拒绝，还时常莫名哭泣、情绪低落。

未成年人出现负性情绪是正常的，但如果在以下4个方面出现"分水岭"，则标志着情绪问题可能已经从短暂的情绪波动发展为更严重的心理困扰。

第一，年龄匹配。例如，幼儿园的孩子怕黑可能是正常的，但初中生仍然特别怕黑，以至于睡觉时不能关灯，则提示可能存在情绪问题。

第二，持续时间。在观察孩子的情绪变化时，应特别注意两个时间节点：2周和3个月。2周是一个相对较短但十分关键的时间窗。如果孩子在2周内持续表现出情绪异常，如持续的悲伤、焦虑或易怒，则提示他们正经历着某种情绪困扰。此时，应密切关注孩子的状态，及时与他们沟通，了解其内心感受。3个月是一个较长的时间跨度。如果孩子的情绪问题持续存在，甚至逐渐加重，则可能需要寻求专业的心理咨询或医疗帮助，以确保孩子能够得到及时有效的支持和干预。因此，在识别情绪问题时，应特别注意这两个时间节点，及时采取措施，帮助孩子渡过难关。

第三，严重程度。青少年情绪问题的严重程度可分为轻度、中度和重度三个层级，主要依据具体行为表现和对日常生活的影响程度进行判断。需注意，此评估维度与抑郁障碍的症状表现存在显著差异，后者以持续的情绪低落、兴趣丧失等典型症状为核心，而广义的情绪问题涵盖更广泛的情绪状态变化，且症状组合和表现形式更为多样。

轻度情绪问题通常呈情境性情绪波动增强，如因考试失利、与朋友发生矛盾等具体事件，出现短暂的情绪低落或烦躁，持续时间一般较短。这类情绪问题的核心特征是不改变基本生活模式，孩子仍能保持规律的上学作息，积极参与课堂活动，课余时间能与朋友正常互动、玩耍，社交和学习功能基本不受影响。与轻度抑郁障碍的表现不同，此类情绪波动不伴随显著的生理症状（如睡眠、食欲紊乱）和认知改变（如无价值感、注意力持续下降），更多的是对特定事件的正常情绪反应的放大。

中度情绪问题会对日常生活产生实质性干扰，但尚未完全破坏社会功能。青少年可表现为情绪状态不稳定且易激惹，如在学校频繁因小事发脾气，难以集中注意力完成学习任务，导致成绩下滑。在生活作息方面，存在中度情绪问题的青少年可能出现入睡困难、早醒等睡眠问题，但尚未形成长期的睡眠紊乱；食欲波动，如偶尔不想吃饭或暴饮暴食。在社交行为上，青少年会表现出主动性降低，在他人邀请时仍会参与，但明显缺乏热情和投入（如玩游戏时不再全身心投入，仅机械地完成动作）。中度情绪问题不具备中度抑郁障碍的核心症状（持续情绪低落），多表现为情绪调节能力下降和行为模式改变。

重度情绪问题会严重损害青少年的社会功能和生活能力，其可能呈现多样化的极端情绪爆发，如频繁出现强烈的焦虑、愤怒或恐惧情绪。在行为上，存在重度情绪问题的青少年的突出表现为对特定场景的回避行为，如因恐惧与同学发生冲突而频繁请假、逃学，或因害怕被评价而拒绝参加任何集体活动，甚至完全切断与外界的联系，将自己封闭在家中。在兴趣爱好方面，有重度情绪问题的青少年主要是由于强烈的情绪干扰导致其无法投入兴趣爱好（如想玩游戏，却因焦虑而无法集中注意力），而不是抑郁障碍中的完全兴趣丧失。同时，重度情绪问题可能伴随冲动行为，如摔东西、自伤（但不同于抑郁障碍的自杀意念，更多的是情绪宣泄），这些表现均提示青少年已无法通过自身调节来应对情绪问题，亟须专业干预。

第四，主观痛苦。这一点容易被家长忽视，因为孩子的情绪痛苦并不像躯体疾病那样显而易见。在门诊中经常会遇到这样的情况：孩子主动提出要看病，但家长觉得孩子是在没事找事，不肯带孩子就诊，结果耽误了诊治。青少年可能会因害怕、焦虑、抑郁等情绪而感到极度主观痛苦，但无法用言语准确表达。此时，家长应给予足够的重视和关心，及时带孩子进行专业评估，通过心理医生或心理咨询师来帮助孩子识别和处理情绪问题。

第 3 章　认识抑郁

在探讨抑郁相关问题时，需要先明确几个关键概念：①抑郁情绪是几乎每个人都会经历的短暂情绪状态，通常可以自行缓解；②抑郁障碍是一组以显著而持久的心境低落为主要临床特征的精神障碍；③抑郁症是抑郁障碍最常见的类型，属于重性抑郁障碍。

根据《精神障碍诊断与统计手册》（第5版）（DSM-5）的分类，抑郁障碍包括以下类型：①破坏性心境失调障碍：通常见于儿童或青少年，表现为情绪、行为和认知方面的显著失调。②持续性抑郁障碍/恶劣心境：一种长期存在的低落情绪状态，可能伴随疲劳、失眠、食欲改变等症状。③经前期烦躁障碍：与女性生理周期密切相关，通常在月经来临前出现情绪波动、易怒、焦虑等症状。④物质/药物所致的抑郁障碍：由于滥用或长期使用某些物质或药物而引发的抑郁症状。⑤其他躯体疾病所致的抑郁障碍：由慢性疾病、疼痛等躯体疾病引发的抑郁症状。⑥其他特定的抑郁障碍：不符合上述特定分类，但具有明显抑郁症状的情况。⑦非特定抑郁障碍：当抑郁症状不符合任何特定抑郁障碍的诊断标准时，可归类为非特定抑郁障碍。⑧重性抑郁障碍：又称抑郁症，是最常见的抑郁障碍类型。

抑郁障碍的核心表现为情绪的主观体验、客观表现及躯体表达出现异常，同时伴随认知功能和行为的改变。主观体验聚焦于个体内在的情绪感受，主要体现为持续的情绪低落、兴趣减退。客观表现则侧重于他人可观察到的外在行为变化，如部分青少年患者出现语速变慢、动作迟缓等迟滞表现，或突然变得暴躁易怒、情绪激越。躯体表达主要反映在身体层面，除了常见的食欲减退、体重骤降（如1~2个月体重下降5千克），还会出现入睡困难、睡眠质量差等问题。

随着病情进展，患者的认知功能会出现明显改变，注意力难以集中，陷入过度自责、无助的负面思维，甚至产生"自己是家里的累赘"等消极想法，严重时还会出现自杀意念。这些认知改变通常继发于情绪问题，并会进一步加剧患者的痛苦。从主观体验到客观行为，从躯体不适到认知偏差，这些症状相互影响，构成了抑郁障碍复杂的临床表现，一旦发现相关迹象，需及时寻求专业帮助。

很多患者存在类似这样的误区："我有时也能感到高兴，我会不会不是抑郁症？""我并不想死，我是不是没得抑郁症？"事实上，抑郁障碍的诊断主要强调存在核心症状，伴随症状并非必需。抑郁障碍的核心症状包括：显著而持久的情绪低落、对几乎所有活动都丧失兴趣或愉悦感，以及精力明显减退、易疲劳。即使偶尔能感到高兴，但只要情绪低落和兴趣丧失的状态在大部分时间中持续存在，则仍然可能符合抑郁障碍的诊断标准。此外，自杀意念并非诊断的必要条件。

除核心症状外，伴随症状涵盖认知、行为和躯体等方面的症状。在认知方面，患者可能出现注意力不集中、记忆力下降、自我评价过低、自责自罪等；在行为方面，患者可表现为动作迟缓、烦躁不安、社交退缩等；除了食欲和睡眠问题，抑郁障碍的躯体症状还可能包括头痛、背痛、肠胃不适等不明原因的症状。这些伴随症状虽然不是诊断的决定性因素，但会进一步加重患者的痛苦，也提示着病情的复杂性。了解这些症状有助于更准确地识别抑郁障碍，避免因误解而延误治疗。

在症状严重程度方面，轻度抑郁障碍患者表现为轻微的情绪低落，兴趣减退（但未完全丧失）；在认知方面，注意力、记忆力轻度受损，思维稍迟缓；在行为方面，可出现轻度睡眠紊乱和食欲紊乱；社交功能和社会功能基本正常。中度抑郁障碍患者的情绪低落加剧，长期悲伤、绝望，自我价值感低，时常自责；认知障碍加重，注意力难以集中，学习效率及决策力下降；失眠、多梦、易醒，食欲显著减退，体重下降；社交活动大幅减少，主动回避社交，社会功能显著受损，需给予一定支持以维持日常生活。重度抑郁障碍患者深陷极度抑郁情绪，可出现精神运动性迟滞或激越，严重时可出现木僵或烦躁不安；认知严重受损，有消极观念、自杀倾向，自我评价极低，伴有妄想、幻觉等精神病性症状；生理功能紊乱，食欲缺乏，体重骤降，睡眠严重不足或过度；基本丧失社会功能，需他人全程照料，常需住院以防止发生意外。

在持续时间方面，持续性抑郁障碍（恶劣心境）患者长期处于低落情绪中，这种状态可持续2年甚至更久，虽然症状相对较轻，但长期的情绪困扰会对患者的心理和社会功能造成慢性损害；抑郁发作则呈发作性，患者会在一段时间内经历严重的抑郁症状，如情绪极度低落、兴趣丧失、思维迟缓等，发作期通常持续数周到数月不等，随后可能缓解，但也存在复发风险。

对日常生活的影响程度也是评估抑郁障碍的重要标准。轻度抑郁障碍对日常生活的影响较小，患者基本能够应对日常事务；随着病情加重，中度抑郁障碍患者的学习效率明显下降，社交活动减少；重度抑郁障碍患者几乎丧失生活自理能力，无法正常上学，人际关系严重受损，甚至可能因无法承受痛苦而产生自伤或自杀行为。

了解抑郁障碍在以上三个维度的表现，有助于青少年及其家长更准确地识别病情，及时采取干预措施。

第4章　认识焦虑

焦虑是一种以过度且持续的担忧、恐惧情绪为核心，伴随显著生理和行为改变的精神心理状态。焦虑的核心是超出正常范围的过度担心，表现为心理症状和躯体症状。前者包括恐惧、不安、忐忑、心绪不宁；后者包括自主神经功能紊乱的症状（如心率加快、出汗、肌肉紧张、胸闷），甚至影响睡眠。

事实上，焦虑可发生于任何年龄段，并具有保护作用，适度焦虑是生存所必需的。在危机情境（如重要演讲、考试）中，适度焦虑会促使机体分泌肾上腺素，引发一系列复杂而精妙的生理反应。肾上腺素分泌增加可激活交感神经系统，使心跳加速、血压升高，为全身器官输送更多血液，保证大脑和肌肉获得充足的氧气与能量；扩张支气管，增加肺部通气量，使呼吸更加顺畅，满足身体在应急状态下的氧气需求；促使肝分解糖原，释放葡萄糖进入血液，快速为身体提供能量，使反应更加敏捷。此外，肾上腺素可抑制胃肠道蠕动和消化液分泌，减少身体的能量消耗，将资源集中用于应对当前危机。

在个体的成长发育进程中，焦虑表现具有年龄特异性。婴幼儿（0~2岁）对强烈声响高度敏感或对陌生人产生恐惧情绪，均是其感知觉发展和社会化进程中的正常焦虑表现。学龄前儿童（3~6岁）可能对动物出现回避行为，或偶尔表达对鬼怪的恐惧、担忧父母离开不再归来等。若此类表现未对其日常生活及学习造成干扰，则仍属于适度焦虑的范畴。进入小学阶段，儿童开始对意外事件、死亡等不常接触的现象产生担忧，这是其认知发展过程中对世界探索与思考的体现，属于正常的心理反应。中学阶段的青少年处于自我意识发展与社会角色适应的过程中，他们会因学业竞争、身体形态及外貌变化等产生焦虑情绪。因此，各年龄阶段的焦虑表现形式各异，但只要符合相应年龄的发展规律，且未显著影响个体的正常生活与发展，则均可视为正常心理现象。

根据 DSM-5 的分类，焦虑障碍包括以下类型：①广泛性焦虑障碍：典型特点为对生活多方面过度担忧，无法自控，持续超过 6 个月；患者可表现为长期紧张不安，如担忧人际关系，伴有肌肉紧张、失眠。②惊恐障碍：典型特点为突发惊恐发作，恐惧在短时间内达到高峰；患者可表现为心悸、呼吸困难、濒死感，如在商场中突然出现强烈恐惧、心跳加速。③广场恐惧症：典型特点为恐惧特定场所，害怕无法逃脱或求助；患者可表现为回避商场、公共交通等，如不敢坐地铁、害怕在封闭空间内发病。④社交焦虑障碍：典型特点为害怕在社交场合被审视、批评；患者可表现为社交时紧张，不敢发言或与人对视，如学生害怕在课堂上回答问题而被嘲笑。⑤特定恐怖症：典型特点为对特定事物产生过度恐惧；患者可表现为害怕蜘蛛、高处等，并出现惊恐尖叫、逃跑。⑥选择性缄默症：典型特点为在社交场合中有能力说话却拒绝开口；患者表现为在学校沉默，回家恢复正常，并影响社交和学习。⑦分离焦虑障碍：典型特点为对与依恋对象分离的过度担忧；患者可表现为怕父母发生意外，分离时哭闹、做噩梦、身体不适。⑧物质/药物导致的焦虑障碍：典型特点为由物质摄入或戒断引发焦虑；表现为酗酒者戒酒时焦虑、手抖，也可能由服药引发。⑨其他躯体问题引起的焦虑障碍：典型特点为因躯体疾病而导致焦虑。⑩其他特定的焦虑障碍：典型特点为符合焦虑特征，但不属于上述类别。⑪未特定的焦虑障碍：典型特点为存在焦虑症状，但无法明确归类。

正常焦虑和病态焦虑的区分是一个细致且复杂的过程，需要深入理解个体的心理状态、行为表现及其与年龄、环境之间的匹配度。其中，4个关键的"分水岭"——症状是否与年龄匹配、严重程度、主观痛苦、持续时间是判断的重要依据。

1. 症状是否与年龄匹配

在判断个体的焦虑行为是否在正常范围内时，应先考虑这些症状是否与其年龄相匹配。以社交场景为例，小学生在面对陌生人群时，经常会出现短暂的害羞、不敢主动交流，这符合该年龄段社交经验不足的特点，属于正常的情绪反应。正常情况下，青少年正处于社交能力发展和自我认同形成的关键期，应当逐步适应群体互动。但是，如果青少年在学校社团活动、班级讨论等集体场景中反复出现过度紧张、面部潮红、大汗、心跳加速，甚至频繁回避集体活动，即使在家长和老师的多次鼓励下仍无法改善，则应考虑超出了青少年期正常社交焦虑的范围，若上述过度回避和恐惧行为持续存在，则很可能为社交焦虑障碍，需要进一步专业评估。

2. 严重程度

如果焦虑症状程度轻微（无论其是否与年龄匹配），且未对生活造成实质性影响，则通常认为焦虑症状属于正常焦虑；如果症状严重干扰日常生活、学习，甚至对身心健康造成威胁，则需要提高警惕。例如，一名15岁初中生因担心考试成绩不理想而出现持续性焦虑症状。每次临近考试，他便开始频繁失眠，即使入睡也多梦易醒，白天精神萎靡、注意力难以集中，导致听课效率低下；考前会出现心跳加速、呼吸急促、手抖、出汗等躯体症状，甚至在考场上因强烈眩晕和恶心而无法正常答题；在学校，他害怕与同学讨论考试相关话题，逐渐减少社交活动，时常独自待在角落；回家后，常因父母提及学习而情绪爆发，与家人关系紧张。这种焦虑症

状持续数月，严重影响其学习进度与人际关系，甚至出现厌学倾向。此时，需警惕考试焦虑障碍，其焦虑可能源于青春期自我认同的压力，以及家庭、学校对其学业成绩的高期望，最终导致情绪以躯体和行为症状的形式表现出来。

3. 主观痛苦

如果个体没有因焦虑症状而感到痛苦或不适（无论其严重程度如何），则通常认为症状是可以接受的。反之，如果焦虑症状给个体带来极大痛苦和困扰，甚至影响其情绪状态和生活质量，则需要认真对待。

4. 持续时间

焦虑症状的持续时间是区分正常焦虑与病态焦虑的重要指标。在临床实践中，2周和3个月是关键的时间节点，这也与精神障碍诊断标准中的观察周期一致。如果焦虑症状短暂出现，并在短时间内自行缓解，则通常属于正常的生理或心理反应，如因临近考试而紧张，考试结束后恢复正常。但是，当焦虑症状持续超过2周且无明显缓解趋势或逐渐加重，则需引起重视；若持续时间超过3个月，并对日常生活、学习、社交等功能产生显著影

响，则高度提示已发展为病态焦虑。

需要强调的是，2周和3个月并非绝对的诊断界限，最终的诊断需结合症状严重程度、主观痛苦、是否与年龄匹配等多维度综合判断。例如，若焦虑症状极为严重，已导致个体无法正常生活，即使未持续3个月，也应及时就医评估；反之，若症状较轻且未对社会功能造成明显影响，即使持续时间较长，也可能通过心理调节或短期干预得到改善。

综上所述，在区分正常焦虑与病态焦虑时，应综合考虑症状是否与年龄匹配、严重程度、主观痛苦及持续时间等方面。当症状严重干扰青少年的日常生活、学习，且使其产生极大的痛苦和困扰时，应考虑进行专业的心理干预。同时，心理障碍并非洪水猛兽，经过专业的治疗和支持，多数青少年患者能够恢复正常的生活功能和精神状态。因此，面对心理障碍时，应保持开放和包容的心态，积极寻求专业的帮助和支持。

第 5 章　焦虑抑郁情绪的预防与应对

在人生的旅途中，情绪如同形影不离的伙伴，时刻影响着个体的心态与行为。若不积极应对，情绪问题有时会如同漩涡般将人们卷入无尽的困扰之中。因此，掌握情绪问题的预防与应对之道非常重要。本章将探讨如何与情绪和谐共处，而非被其所控，并通过科学的方法和实用技巧，调节情绪并保持内心的平静与稳定。

一、情绪问题的预防

预防情绪问题不仅关乎心理健康，更影响着个体的生活质量与人际关系。我们应该探索情绪管理的智慧，让情绪成为生活的助力，而非负担。

1. 顺应情绪的特点

无论性质如何，情绪都是人类生存与发展过程中必不可少的一部分。它们如同生命中的调色盘，为生活增添了丰富的色彩。例如，焦虑和恐惧这两种看似负面的情绪，实则在生活中扮演着重要的角色。它们如同警钟，提醒人们在面对潜在危险时保持警惕，及时采取应对措施。没有这种提醒，人们可能会忽视身边的隐患，从而置身于危险之中。因此，应正视并合理利用这两种情绪，让它们成为保护伞，而非束缚个体的枷锁。此外，悲伤和愤怒是自然的情感表达，同样应得到正视和尊重。悲伤能够让人们在失去亲人、朋友或遭遇挫折时，宣泄内心的痛苦，获得他人的同情和支持。愤怒则让人们在面对不公平和侵害时能够勇敢地维护自身权益和尊严。压抑这些自然情感可能导致心理问题的积累，甚至影响身体健康。

因此，无论是正面的喜悦、兴奋，还是负面的焦虑、恐惧、悲伤和愤怒，都是人类情感的真实流露，应学会顺应并接纳这些情绪，理解它们存在的意义，这是预防情绪问题的重要途径。

2. 允许情绪宣泄

情绪就像流淌在内心的河流，它需要自由地流动，才能保持清澈与活力。正如河流被阻塞后河水会淤积、变质，如果将情绪存积在心中，最终也会引发心理问题。因此，允许情绪宣泄是维护心理健康的重要一环。

情绪的表达方式多种多样，既可以是言语上的倾诉，也可以通过躯体表达方式进行释放。青少年正处于情绪波动较大的时期，愤怒情绪可能尤为强烈。此时，可以选择通过体育锻炼来宣泄情绪，如体能训练、舞蹈或拳击。在运动中，青少年可以尽情挥洒汗水，将内心的愤怒和不满转化为力量。这种躯体表达不仅能帮助他们释放情绪，还能增强身体素质，达到身心双重调节的效果。

当情绪得到宣泄，内心会变得舒畅自在，从而能够以更加平和、理性的心态去面对生活中的挑战和困难。因此，不要压抑和逃避

情绪，让情绪如水一般自由地流淌，保持内心的清澈与活力。

3. 情绪具有过程性

情绪具有显著的过程性特征，一般可分为触发阶段、发展阶段、高潮阶段和消退阶段，每个阶段都呈现出独特的生理、心理及行为特点。

触发阶段：个体的情绪因特定事件、情境或内在思维而被激活，犹如平静湖面泛起的涟漪。触发因素可能是具体的事件（如青少年考试失利、与朋友发生矛盾），也可能是自我认知问题（如对自身外貌、能力的负面评价）。在触发阶段，个体可能仅出现轻微的情绪波动，如短暂的紧张、不悦，但尚未形成强烈的情绪体验。例如，当青少年得知下周要进行重要考试时，内心会产生不安，此时的情绪处于萌芽状态。

发展阶段：随着触发因素的持续作用，情绪逐渐发展并增强。在这一过程中，生理反应开始加剧，如心跳加速、呼吸急促、血压升高；在心理层面，相关的认知和想法不断涌现并强化，负性情绪会引发更多消极思维，形成恶性循环；在行为上，青少年可能会开始采取应对措施，如为了缓解考试焦虑而反复刷题、熬夜复习或向朋友倾诉以寻求安慰。此时，情绪的影响力不断扩大，对个体的日常生活和行为产生干扰。

高潮阶段：情绪达到顶峰，个体的生理反应和心理反应均处于最强状态。在生理层面，可能出现颤抖、出汗、头晕等强烈反应；在心理层面，情绪完全主导个体的思维和意识，理性思考能力大幅下降，如处于重度抑郁情绪中的青少年可能被绝望感彻底笼罩，产生强烈的自杀意念。在行为上，青少年可能会出现极端行为，如与他人激烈争吵、自我伤害等。

消退阶段：随着触发因素的减弱或消失，以及自身调节，情绪强度逐渐降低，生理和心理反应随之缓解。在这一阶段，个体的理性思维逐渐恢复，开始以更客观的视角看待触发因素。情绪的消退速度因个体差异、情绪类型和应对方式的不同而异。若能采用合理的疏导方式（如通过运动释放压力、与亲友有效沟通、进行心理咨询），情绪消退的过程会更加顺畅。

因此，青少年及其家长不应害怕情绪的爆发，应充分认识情绪的过程性特点，在情绪的各个阶段进行合理疏导和沟通，耐心等待情绪的消退。

4. 情绪需要被接纳

从神经科学的角度看，情绪的产生和调节是由多个脑区参与的复杂过程。大脑的边缘系统（包括杏仁核、海马、扣带回等结构）在情绪反应中发挥关键作用。例如，杏仁核能够快速对威胁性刺激做出反应，引发恐惧等情绪，这种反应通常是自动化且迅速的，可视为情绪产生的初级神经基础。这意味着情绪有时会像一股不可抗拒的力量，驱使人们做出冲动甚至愚蠢的行为。因此，青少年及其家长应充分认识到情绪是一种本能，无须为此感到羞愧或自责。接纳情绪是情绪管理的第一步，也是走向内心和谐与平静的重要途径。接纳情绪并非放纵情绪或压抑情绪，而是在理解情绪的基础上，学会以更加平和的心态去面对和处理它，从而更好地掌控情绪。

二、应对情绪问题

1. 尊重情绪的发展规律

（1）认知调整：①觉察情绪。鼓励青少年留意自己的情绪变化，包括情绪产生的时间、原因和具体表现。可以通过情绪日记的方式，记录每天的情绪状态，从而更好地了解自身的情绪模式。②改变思维方式。引导青少年学会识别和挑战负面的思维模式，帮助他们反思是否存在过度夸大或缩小事实的情况。

（2）情绪表达：①倾诉：鼓励青少年与家人、朋友或信任的老师交流，分享自己的感受和经历。这不仅能够释放情绪，还能获得不同的观点和建议，有助于更好地应对情绪问题。②艺术表达：鼓励青少年通过绘画、音乐、写作等艺术形式来表达内心的情绪。例如，当感到愤怒或沮丧时，可以通过绘画将这些情绪具象化，或创作一首诗歌来抒发情感，将难以言表的情绪转化为具体的艺术作品，从而获得情绪的宣泄和心理的舒缓。

（3）行为调节：①运动：运动是一种非常有效的情绪调节方式。建议青少年每周进行至少3次有氧运动，如跑步、游泳、骑自行车等。运动能够促使身体分泌内啡肽和多巴胺等神经递质，这些物质可以改善情绪状态，减轻焦虑和抑郁情绪，让青少年感到轻松和愉悦。②放松训练：青少年可通过学习和运用放松技巧（如深呼吸、渐进性肌肉松弛和冥想）（详见第二部分）实现身心放松，集中注意力，排除杂念，减轻情绪波动。

（4）生活方式调整：①规律作息：保持规律的生活作息对于情绪稳定至关重要。建议青少年每天保证足够的睡眠时间，按时起床和睡觉，避免熬夜。良好的睡眠有助于身体和大脑的恢复，提高心理韧性，从而更好地应对生活中的压力和挑战。②培养兴趣爱好：鼓励青少年发展兴趣爱好，如阅读、摄影、手工制作等。投入到喜爱的活动中能够转移注意力，使他们沉浸在积极的体验中，从而获得愉悦感和成就感，提升自我价值感，改善情绪状态。

（5）问题解决：①分析问题：当青少年遇到导致情绪问题的具体事件时，应帮助他们学会分析问题的本质和原因，列出可能的解决方案。例如，与同学发生矛盾后，一起探讨矛盾产生的原因（如沟通不畅或观念差异），并思考如何解决问题（如主动沟通、道歉或寻求老师的帮助）。②采取行动：鼓励青少年选择合适的解决方案并付诸行动。在解决问题的过程中，青少年可以逐渐积累经验，增强自信心，从而更好地应对未来可能出现的情绪问题。

2. 常见误区

第一个误区：将抑郁症症状误判为孩子的主观懈怠。当患有抑郁症的青少年出现不想上学、写作业速度缓慢等表现时，许多家长会认为这是"懒惰""不听话"的故意行为。实际上，抑郁症是一种生理与心理双重障碍的疾病，这些症状是疾病导致的结果，并不受孩子的主观意愿控制。若家长一味地批评指责，给孩子贴上负面标签，反而会让孩子因不被理解而感到更加孤独无助，加重心理负担，阻碍其康复进程。家长正确的做法是理解孩子的困境，以包容和鼓励的态度，帮助孩子重建信心，逐步恢复学习状态。

第二个误区：视抑郁症为家庭"羞耻"并选择对外隐瞒。部分家长错误地将孩子患有抑郁症视为需要掩盖的事情，担心被他人知晓后会被区别对待。这种认知背后隐藏着"患病可耻"的偏见，而家长的隐瞒行为会在潜移默化中让青少年也认为患病是一种耻辱。这种错误观念不利于青少年坦然面对疾病，还会加剧其心理压力，导致孩子因害怕被歧视而拒绝寻求帮助，从而延误治疗，使病情进一步恶化。家长应当摒弃这种偏见，以开放的心态接纳孩子的病情，并引导孩子正视疾病，积极配合治疗。

作为青少年成长过程中至关重要的一部分，情绪涵盖了丰富的主观体验和外在表现。抑郁和焦虑作为常见的情绪问题，对青少年的身心健康有着不容小觑的影响。在日常生活中，识别情绪问题的蛛丝马迹是保障青少年心理健康的关键，这需要家长、老师以及社会各界的共同关注。

青少年是社会的未来和希望，他们的情绪健康关系到整个社会的发展。在预防与应对情绪问题的道路上，家庭给予的温暖和支持是青少年最坚实的后盾，学校开展的心理健康教育是不可或缺的引导，社会营造的良好氛围也是有力的助推器。培养积极的生活习惯、建立良好的人际关系及掌握有效的情绪调节技巧，可以帮助青少年在面对情绪的波涛汹涌时，依然能够保持内心的平静与坚定。

第6章 家庭照护

家庭是孩子成长的土壤,父母的言行与互动方式是这片土壤中重要的养分。当青少年陷入抑郁的阴霾时,家庭支持通常是关键的疗愈力量。然而,许多家长可能因忽视自我需求、夫妻关系紧张或亲子沟通不畅,在无意间加重了青少年的心理负担。本章从家长的自我照护、夫妻关系的处理、亲子关系的经营三个维度展开,帮助家长构建更健康的家庭生态系统,为孩子的康复提供真正的"安全基地"。

家庭照护的起点是家长对自我的关怀。家庭照护的本质是一场关于爱与成长的修行。它并非要求父母成为完美的超人,而是鼓励每个家庭成员在彼此支持中找到真实而舒展的生命姿态。当父母学会关照自己、经营婚姻、倾听孩子时,家庭的能量将如涟漪般扩散,为抑郁中的青少年照亮回归的路。

一、家长的自我照护

家长的自我照护包括3个部分:尊重自我需求、接纳自我现况、处理夫妻关系。

1. 尊重自我需求

作为一个自然人,家长有自我需求是理所当然的。家长们常会陷入一种误区,即"牺牲自己"才是好父母的标准。然而,当家长压抑需求、忽视情绪时,内心的疲惫与焦虑会像暗流般渗透进家庭氛围。因此,父母唯有先尊重自己的需求,才能以更稳定的状态陪伴孩子。

很多家长不清楚自己的需求是什么，一切以孩子为中心，这甚至成为一种习惯。但是，对孩子而言，这可能是一种灾难，他们感受到的更多是压力和惶恐。在心理门诊中曾遇到这样一个家庭：女儿因患抑郁症而休学，母亲长期在家照顾患病女儿，并且逐渐感到自己的很多需求被压抑。在一次家庭治疗中，这位母亲与心理治疗师进行了单独谈话，并提到孩子要求母亲一直在她的视线范围内，出去买菜超过 20 分钟都不行。母亲说："我希望每天有一些属于自己的时间，但又担心提出这种需求，女儿会觉得我不够爱她，所以不敢表达。"在治疗中，治疗师鼓励母亲向女儿坦诚表达自己的需求，给彼此"松松绑"。在治疗师的鼓励下，这位母亲温和地告诉女儿："妈妈很爱你，我们彼此陪伴的时光对妈妈而言非常重要且珍贵，但我们也需要各自充电的时间，例如你有时想独自做手工不想让妈妈打扰。妈妈和你一样，也希望每天有一些时间可以给自己充电，例如散步、唱歌。我们可以一起商量一个让你感到安心的安排吗？"起初，女儿表现出焦虑，但在治疗师的引导下，母女通过协商达成共识：母亲每天分两次外出，每次不超过 40 分钟，并且彼此保持联络畅通，随时能知道彼此的状况。随着时间推移，女儿发现母亲短暂离开后仍会安全归来，安全感逐渐增强，允许母亲外出的时间也逐步延长至 1 小时。经过这次尝试，母亲获得了放松的空间，焦虑情绪也明显缓解，能以更稳定的情绪面对女儿，女儿通过观察母亲示范的需求表达，开始学习用语言而非控制行为来表达不安，在后续治疗中甚

至主动提出"妈妈今天可以多散步半小时";这也使得原本僵化的"照顾者-被照顾者"模式被打破,女儿休学期间首次尝试独自完成烘焙,母女关系逐渐向平等互信转变。当父母示范如何弹性处理需求时,不仅能解放自己,更能为孩子提供观察学习的机会,最终实现家庭系统的良性循环。

2. 接纳自我现况

有些家长时常将自己对职业发展或生活的不满意转化为对孩子的过度苛责。家长需要对自己未达成的目标和未完成的心愿进行理性分析,明确哪些是客观不可控的、无法改变的,哪些是主观可控的、可以改变的,并学会接纳和认可自己。只有这样,在孩子遭遇挫败或未达到预期时,家长才能坦然接受孩子的不完美,并给予支持。

以下是一个家庭治疗的案例:一位已经进行 3 次心理治疗并与治疗师建立了信任关系的青少年患者,在本次就诊时,患者情绪不佳,她的妈妈解释说因为她在吃早饭时玩 iPad,爸爸突然怒火中烧,把她的 iPad 砸碎了,导致孩子的情绪变差。在治疗过程中,患者不愿意交流,因此治疗师请她用纸笔画出在家里的感受(图2)。患者对这幅画的解释是,左边的线条代表爸爸,乱

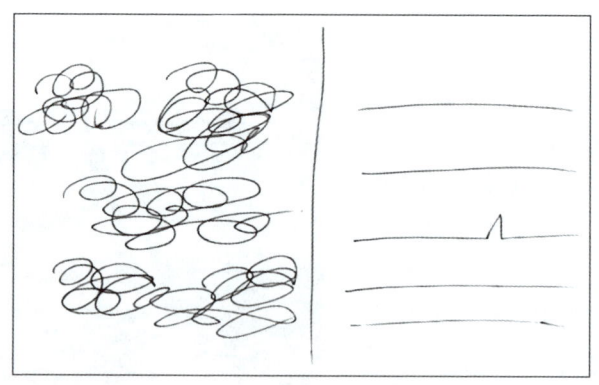

图 2 青少年患者在纸上画出在家里的感受

糟糟的线条表示不知道爸爸什么时候会发火,右边的线条代表妈妈,表示妈妈大多数时间情绪比较平稳,偶尔有小爆发。可见,家长情绪不稳定会对孩子产生很大的影响。

家庭治疗中有一个重要的概念,即核心家庭的情绪系统,它是指在一个家庭中,成员之间的情绪会彼此传递。例如,父母的焦虑会转变为孩子的焦虑,父母情绪不稳定会导致孩子的不安情绪。科学研究和临床经验均发现,容易焦虑、对自身状态不满意、情绪极端的父母,在孩子面临学业困难或遇到生活应激时,更容易出现情绪失控,并把负面情绪传递给孩子。因此,作为家长,应先学会接纳自己的现况,对自己的心理健康负责任,从而为孩子的情绪管理树立榜样。

3. 处理夫妻关系

夫妻关系是家庭关系的"晴雨表"。当夫妻陷入"敌我斗争"或冷漠疏离时,孩子通常被迫卷入战场,成为替罪羊或调停者。父母若能以尊重与倾听的方式化解婚姻冲突,孩子便能在父母的关系中学会如何与人建立健康的联结。

在进入婚姻组建家庭之前,夫妻双方来自不同的原生家庭,有着成长经历和社会文化背景等的差异,容易在价值观、心理需求层面产生碰撞。例如,在经济方面,可能产生消费观、财务控制权、投资决策等分歧;在育儿方面,可能产生教育理念、管教方式等分歧。

在夫妻关系中,应正确看待冲突。美国心理学家约翰·戈特曼在《幸福的婚姻》中写道:"婚姻中的绝大部分冲突是永久性的,准确来说,这个比例是69%。"其实,尽管存在冲突,夫妻双方仍然可以获得满意的婚姻,重要的不是冲突本身,而在于处理冲突的方式。直接导致孩子心理问题的并非冲突本身,而是家长处理冲突的方式。

当夫妻双方不能正确认识和应对冲突时,家庭中就可能出现

"敌人""病人"和"无辜的人"。所谓"敌人"是指夫妻通过唇枪舌战或冷暴力来处理冲突,变成了彼此的敌人;"病人"是指夫妻中的一方长期处于弱势,被压抑自身需求,最终出现抑郁等情绪问题或心身障碍;"无辜的人"则是指孩子,尤其是青少年。长期生活在夫妻冲突中的孩子可能选边站队,和父母一方结成联盟对抗另一方,或者夹在父母中间不知所措。在这种氛围中,孩子会感到非常痛苦,甚至出现自责和愧疚感。在家庭治疗中,通常使用术语"三角化关系模式"来形容这种现象。若长期处于家庭冲突中,会导致压抑、苦闷、害怕、悲伤等情绪不断积累,最终使青少年出现焦虑、抑郁、强迫等心理症状,或厌学拒学等行为问题。因此,应采取互相尊重的态度,选择适当的方式处理夫妻冲突,并避免让孩子过度卷入冲突。

改善夫妻关系有诸多技巧,首选的经典技巧是积极倾听。积极倾听的目的不是做评判,而是学会换位思考,聆听对方的观点。积极倾听应注意以下几点:第一,尽量不主动提供意见,如果在对方倾诉时迅速给出解决方案,可能使对方产生问题被淡化、未得到重视的感觉。第二,倾听时应专注于对方,夫妻双方在交流时应集中注意力,而不是心不在焉或东张西望。同时,应向对方表达理解和支持,而不是站在对立面。第三,向对方表达一致对外的态度,避免对方感觉自己在独自面对困难。

北京大学第六医院临床心理科目前已开设了多个特色门诊,其中亲密关系门诊能够为面临亲密关系困扰的群体提供服务,适用于婚恋、育儿、职业变化等重要阶段中的关系调整和改善,包括亲密关系中的沟通问题、情感疏离、长期冲突、信任危机、子女养育等问题。一般采用系统式家庭治疗、情绪聚焦治疗、认知行为治疗,有助于改善家庭互动模式,提升情感链接,处理疏离和信任问题,解决冲突和协助情绪管理。

二、处理亲子关系

亲子关系的核心是"看见"与"回应"。青少年的情绪问题通常伴随着未被听见的"呐喊"：他们需要被关注而非控制，需要被共情而非说教，需要被支持而非评判。

1. 积极关注

青少年最基本的诉求是被积极关注，并获得家长的认可和理解。未得到积极关注或被忽视的青少年会由于家庭权力失衡等问题，表现为自主决策能力差、激烈反抗父母等。

2. 有效沟通

有效沟通主要包括 3 个方面：看出情绪、读出需求和留出时间。

什么是看出情绪？在青春期，"情绪脑"到"理性脑"的过渡涉及神经递质的变化（如皮质醇水平下降、5-羟色胺水平上升）和脑区激活模式的改变。家长可以通过观察孩子的面部表情（如嘴角下垂、眉头紧缩、咬牙切齿），肢体语言（如紧握拳头、不停颤抖），生理反应（如满面通红、呼吸急促）来看出情绪。同时，家长可以使用非评判性的语言反馈观察到的表现，如"你的呼吸变得很急促"；将行为与情绪联结，如"急促呼吸是不是因为生气？"；与孩子共同进行调节，如"我们可以先试试做几次深呼吸"，家长可以使用数呼吸次数的方法帮助孩子降低生理唤起水平，然后给予安全锚定（如轻轻拥抱或抚摸孩子背部）。在门诊案例中，很多家长急于"灭火"，看到孩子哭泣或把自己锁在房间里生闷气，就希望马上解决问题，不停追问"到底发生了什么？""你跟我说呀！""你就是太懦弱，遇到事情就知道哭"……家长这种急于否定、评判或在事实层面上追问原因的做法并不能有效帮助孩子，而是应该真正看出孩子的情绪，并给予适度的安抚。

什么是读出需求？正确地读出孩子的需求，让孩子感受到家长的尊重，是良好亲子沟通的重要部分。例如，一位在国际学校就读的高中生回家跟妈妈抱怨食堂饭菜不可口，结果妈妈当天就去学校找领导反馈，晚上孩子回家后非常生气，责备妈妈去学校打小报告，导致他在全班同学面前丢脸。该案例的实质是妈妈错误解读了孩子的需求，孩子的抱怨有时只是发泄情绪，并不是事实层面的求助。因此，父母在采取行动或代办事情之前，不妨先耐心地接纳孩子的情绪，询问孩子需要自己做些什么，从而避免错误读取孩子的需求。

什么是留出时间？餐时交流是家庭中亲子沟通的主要方式。但是，餐时交流远远不够，孩子与父母有专门的谈心时间能够使亲子沟通更为深入，在共同游戏或活动中交流也能促进亲子之间的互相理解、尊重和信任。

3. 合理期待

合理期待是指对稍超出孩子目前能力，但通过适度努力能够实现的目标或情况的期待。此外，应该让孩子感受到，满足期待后会获得父母的认可，但无法满足期待也不会影响父母对他们的爱。

临床常见以下4种父母对孩子的不合理期待，这些不合理期待可能引发青少年的心理问题。

第一种是过高的期待，即严重超出孩子能力上限的期待。过高的期待对孩子的天赋、资源、储备提出了过分的要求，孩子会不堪重负。父母的高要求、高期待会使孩子不断内化为超我，导致他们对自我要求非常苛刻。例如，一位14岁的女孩在课业满负荷的情况下，还要牺牲娱乐时间练习钢琴。当心理治疗师询问："钢琴是你的兴趣吗？练钢琴享受吗？"她回答："不享受，很烦、很痛苦，但不练够时间我会觉得愧对妈妈。"在这种过高的期待下，部分孩子会产生不让父母失望的执念，然后默默努力，压榨自己，而部分孩子会走向另一个极端，表现为极力对抗父母。

第二种是矛盾的期待。矛盾的期待会让青少年无所适从。例如，父母既要孩子乖乖听话，又觉得孩子胆小怕事、不能自立，或者不同的家庭成员对孩子有不同且相互冲突的期待。

第三种是没有期待。父母对孩子没有任何具体期待会使孩子感到迷茫和不被需要，甚至感到被忽视或与家庭的连接较少。对于在没有期待或习惯被忽视的环境中成长的个体，一部分人可能表现为成年后喜欢独来独往，他们看似无欲无求，不需要与他人产生连接，其实是由于没有体验过被家人关注和需要的感觉，导致他们逐渐不敢对人际关系有所期待，也没有勇气与他人建立亲密关系；与之相反，另一部分人可能会像抓住救命稻草般，在成年后过度渴求他人的认可与关爱。他们可能陷入讨好型人格，或用极端方式证明自己的价值，吸引他人的关注，以巩固与他人的联结。

第四种是没机会实现的期待。在部分家庭中，孩子从小就被父母寄予厚望，但是由于多种原因（如父母未能放手让孩子独立完成目标）而没有机会实践和实现。

第二部分

技能科普

在当今快节奏的世界里,压力如影随形,它悄无声息地影响着个体的心灵体验和生命质量。近年来,青少年的情绪问题愈发突出。根据北京大学第六医院临床心理科的诊疗情况,青少年是主要的就诊群体,且多以情绪障碍为主。

青少年面临着学业和社交等方面带来的多重压力,更需要寻求心灵的休憩之所。当感受到压力时,可以尝试一些简便的小方法来稳定情绪,调整心情,如睡个好觉、运动、品尝美食、听音乐、接触大自然、窝在沙发上发呆、阅读喜欢的书籍、与好朋友聊天、看电影或娱乐节目、有时间限制地玩游戏等,还可以尝试正念练习等放松技巧。

每个人都有自己独特的放松之道,我们应引导青少年探索适合自身的放松方法。有效的放松不仅有助于青少年提高学习效率,还能提升其整体幸福感。更重要的是,家长应该意识到放松对于孩子身心健康的重要性,并有意识地将放松时间纳入孩子的日常安排。

第7章 正念入门

正念（又称静观）是一种源自东方古老智慧的心理练习方法，能够为现代人提供一条回归内心平静的小径，其主要技术包括呼吸训练、着陆练习、全身扫描、正念瑜伽等，可根据需要进行独立练习或组合练习。正念不等同于一般意义上对正确观念或正能量的追求，而是强调不加评判地觉察当下。正念不仅是一种心理训练，还是一门生活的艺术，它教会人们在快节奏的生活中停下匆忙的脚步，用心去体验每一个瞬间。正念有助于青少年在面对家庭和学业方面的压力与挑战时拥有清晰的思路和平静的心境。通过正念实践，青少年能够更加开放地接纳自己的情感和思想，实现内心的和谐与平衡。

儒家著作《大学》中写道："知止而后有定，定而后能静，静而后能安，安而后能虑，虑而后能得"，即安静下来才能生出智慧，去解决遇到的问题，处理纷繁的情绪。正念减压疗法的创始人乔·卡巴金认为，正念减压深埋于中国文化中。卡巴金在演讲时经常引用《道德经》中的一句话："孰能浊以止，静之徐清？"大意是如何能让浑浊的水安静下来，慢慢变得清澈？其中，浑浊是指混乱和困境，而安静和清澈则代表内心的平和与明智。

正念练习不依赖于任何外在形式。个体可以在任何情境（如家里、地铁里、自习室）和姿势（坐姿、站姿、步行）下进行正念练习。

那么，如何通过正念训练使负性情绪快速稳定下来？

1. 正念练习步骤

选择近一周让你感到焦虑、担忧或生气的一件事。闭上双眼,让这件事和情绪在脑海中呈现3分钟,有意识地感受存在这种情绪时的身体感觉(如紧绷、憋闷、麻木、紧张),因为情绪会在身体上有所表达,当感受到身体痛苦时,不适感会在躯体上留下深刻的印记。下面以肩部紧张为例介绍正念训练的操作步骤。

首先,将注意力放在肩部,缓慢地将肩部抬起,使其贴近耳部,保持姿势,闭上双眼,感受肩部的紧绷。其次,缓慢地放下肩部,感受肩部放松,重复进行两次,感受身体的放松。抬起肩部时,可以向后、向前转动,将注意力放在动作上,感受肩部放松。此时,轻柔而清晰地对自己说:"我允许自己暂时放下对身体感受的执着。"这种自我对话可能会带来片刻的舒缓或暂时难以见效,因为当个体持续对抗身体不适时,有时反而会强化这种感受。不必着急,给予足够的耐心。最后,慢慢睁开双眼,用新的视角继续面对当下的体验。

在练习过程中,应注意"稳定的专注"。当个体将注意力放到安住的身体上时,专注力会缓慢提升。每一次分心都是在锻炼注意力,分心时则将注意力再次拉回。稳定的专注来自于愿意接纳分心,最深邃的安静来自于愿意拥抱不安。越介意分心,就会越分心,如果无法专注,那就接纳它。

2. 进一步正念练习

当出现负性情绪时,身体也会有所反应。此时,可按照以下步骤进行进一步正念练习。

首先,将手置于感受到痛苦的身体部位,温柔地触碰,闭上双眼,感受手掌对身体的安抚,可以对自己说:"遇到这样的事情后有这种情绪是很正常的,每个人都会有这种反应,这不是我独有的"。其次,轻轻地对身体说:"让我来陪伴你,你不需要做任何改变,以后我也会时常来观照你"。最后,自然呼吸,停止练习。

正念练习是处理负性情绪的秘密武器,即先"看到"情绪,然后将注意力放在身体上,体会情绪给身体带来的感受,最后观照身体。这种方法能够帮助我们放下负担,转移注意力,冷静地思考解决问题的方法。

第 8 章　呼吸练习

在日常生活中，人们时常会忽略最自然、最基本的生存元素——呼吸。呼吸不仅是维持生命的基础，更是一扇通向内心宁静的大门。作为生命的基本节奏，呼吸会随着内心状态和身体感觉的变化而改变。正念呼吸练习源于正念减压疗法，可帮助参与者在呼吸中引入正念，达到接纳情绪、减缓压力的目的。对于青少年，呼吸练习可以帮助他们在紧张的学习环境中找到片刻的宁静，缓解考试焦虑和学习压力；对于家长，呼吸练习可以帮助他们在忙碌的生活节奏中获得宝贵的放松机会，帮助他们更好地面对工作和生活。

呼吸练习的核心是感受呼吸，让心灵停驻于呼吸，放下平时的理想、目标和角色，感受身体像波浪上的小船一样起伏，乘着呼吸的波浪前行。

一、正念观呼吸练习的方法

在正念观呼吸练习中，个体更易捕捉到身体浮现的各种感觉，并迅速将其带回当下时刻。通过这种方式，个体可以把注意力集中在充满节奏感和流动性的生命体验中。多数个体在进行正念观呼吸练习后能感受到平静和愉悦。

1. 具体操作步骤

——姿势：可以选择舒适的坐姿、站姿或卧姿。取坐姿或站姿时，保持腰背自然挺直但不僵硬，身体放松；若选择卧姿，应尽量使全身放松（图 3）。

图3　呼吸练习的姿势

——准备阶段：首先确保面部、肩部和手臂处于放松状态；然后将注意力带回身体，感受身体与垫子、椅子或地面接触的感觉；保持平静，感受此刻的身体姿态带来的各种感觉。

——引导注意力：缓慢将更多的注意力引向呼吸，觉察气息进入身体的过程。

——观察身体部位：选择一个容易关注的部位（如鼻腔内侧、胸腔或上腹部）进行持续观察。如果不确定选择哪个部位，可以将注意力放在腹部，感受腹部随呼吸一起一落的变化。仅需体验实际的呼吸状态，无论其长短深浅如何。

——自然呼吸：用鼻吸气、呼气，保持自然呼吸，无须憋气或刻意延长气息。传统上会采用数息法（从1数到10），但此处仅需专注于觉察气息的进出。

——处理杂念和回归呼吸：当有念头出现时，先平和地识别杂念而不被其带走，不要期待完全清空大脑。然后深吸气，不带有评价地将自己带回对呼吸的觉察。通过这种练习，培养随处可用的专注力。

——感受体内气息流动：觉察气息从鼻腔进入，身体随之膨胀；当气息离开时，身体自然下沉，气息从鼻腔送出。循环进行该过程。

——感觉全身变化：随着气息进出，观想并感受气息滋养着身体的每个细胞，使身体充满能量。气息离开时，观想身体排出不需要的东西，感到更加轻松、沉静。

2. 注意事项

——舒适的坐姿：坐在垫子上时，确保臀部略高于膝部，这有助于保持身体的放松状态。同时，保持大脑清醒，从而更好地觉察身体各个部位浮现的感觉。

——自然呼吸：在觉察呼吸的过程中，不要试图改变或控制呼吸，单纯地关注每次气息进出时身体的感受即可。

——选择专注部位：虽然可以选择鼻孔、胸部等部位进行呼吸观察，但在练习初期，建议专注于腹部的呼吸，从而更容易引导放松和平静。

二、正念观呼吸和身体练习的方法

正念观呼吸和身体练习是在呼吸练习的基础上增加对身体的全面觉察，时长约为 30 分钟，稍长于单纯的正念观呼吸练习（约 10 分钟）。正念观呼吸和身体练习的重点是对整个身体的觉察。

在练习过程中，参与者可听到重复多次的指导语："允许注意力停留在位于腹部的呼吸上，感受每次呼吸的一进一出。如果你的心开始游离，稍微注意一下是什么带走了你的思绪，但不要刻意寻找发生的事情，然后温和地将注意力带回到你的呼吸上来，不要批评自己。"这句话是为了帮助个体确认注意力是否集中在呼吸上，并逐步扩展到对全身的觉察。

1. 具体操作步骤

——姿势调整：找到舒适、平静且稳定的姿势。可以选择坐在或跪在瑜伽垫上，也可以坐在椅子上。坐在瑜伽垫上时，臀部略高于膝部时放松效果更佳。保持背部挺直但不僵硬，颈部伸直，肩部放松，下颌微抬。

——初步练习：先进行10分钟的正念观呼吸练习（详见上文）。

——扩展觉察：感到能觉察到呼吸后，有目的地将对呼吸的觉察扩展到对整个身体的觉察。在觉察下腹部呼吸的同时，开始觉察整个身体的感觉及其随呼吸变化的模式。

——逐步觉察：依次觉察放在大腿上的双手，盘坐的双腿，接触地面、垫子或椅子的脚趾，以及背部、肩部和双手的感觉。

——持续观察：保持对全身的关注，觉察体内的变化，无论是细微还是显著的变化。保持观察，放下观察，再观察，再放下……如果无法放下，就难以继续观察。不需要分析或解释身体为什么会产生这些变化，减少内在的自我对话。

——位置转换：在练习过程中，可以有目的地转换位置，将意识带到身体感觉最强烈的区域，尽量温和地通过注意力探索感觉的变化。一旦发现注意力游离，应再次温和地将注意力带回到呼吸上，然后尝试将觉察扩展到整个身体。

——结束练习：重新将注意力集中在下腹部的呼吸，关注呼吸进出的感觉，然后结束练习。

2. 注意事项

——在后期练习中，可根据情况选择转移注意力的位置或保持原位置不变。

——及时发现注意力的游离，温和地将注意力带回到呼吸上，不去评判好坏。

第 9 章 着陆练习

当提及"着陆"一词时,我们的脑海中可能会不由自主地浮现飞机着陆的场景。想象一下,当我们乘坐飞机翱翔于广袤无垠的天空时,机身之下是深不见底的云海,那种与地面脱离的悬空感,宛如踏入未知领域,始终让人心生不安。当飞机缓缓下降,起落架与跑道稳稳接触,伴随着轻微的震动,我们原本悬着的心也随之安定下来。这一从空中到地面的转变过程,不止是简单的物理位置变动,更是一种心理层面的踏实感的回归。这种踏实感源于人类对于稳定与安全的本能追求,如同扎根于大地的树木,只有根基稳固,才能抵御风雨的侵袭。

在情绪的"天空"中,当个体陷入不安时,就如同飞机在空中飘摇,内心缺乏稳定的支撑。例如,当青少年面临重大考试或遭遇突发生活变故时,可能会感到"忐忑不安""心像悬着一样"。在这种状态下,整个身心仿佛失去了平衡,难以找到稳定的根基,并伴随着双腿无力、肌肉僵硬等身体反应。从心理学角度看,这是因为大脑在面对压力和不确定性时自动触发了应激反应,导致生理和心理状态发生了变化。

着陆练习是一种正念技术,旨在通过简单的感官觉察步骤,引导个体关注当前环境中的具体元素,重新建立对现实的感知,从混乱的思绪中抽离出来,回到当下的环境中,从而达到身心的稳定和平静。着陆练习的适用场景非常广泛,无论是在学校还是在家庭环境中,只要情绪波动较大或需要快速恢复冷静(如考试前一晚内心焦虑不安)时,都可以使用这个练习来缓解情绪,让身心重新找回平衡。

着陆练习的核心是恢复对周围环境及身体感觉的认知。这一过程类似于飞机着陆的过程——从高空中逐渐下降直至平稳接触地面。随着着陆练习的深入，注意力会更加集中，个体不再被纷繁复杂的思绪所困扰。着陆练习不仅是缓解紧张的方法，而且是自我觉察和情绪调节的重要手段，能使个体学会识别并接纳当下的情绪反应，而不是试图逃避或压抑它们。此外，对于长期承受高压的青少年，定期进行着陆练习可以预防过度紧张导致的身体不适或心理问题，这有助于增强青少年的心理韧性，从而更好地适应不断变化的生活环境。

着陆练习的具体步骤如下：

—舒服而放松地坐着或站着，做几次深呼吸。

—观察周围环境，并说出看到的5个物体，如"我看到了水杯……"，然后深呼吸。

—观察周围环境，并说出看到的5种颜色，如"我看到笔筒是黑色的……"，然后深呼吸。

—聆听周围环境，并说出听到的5种声音，如"我听到了鸣笛声……"，然后深呼吸。

—使注意力回到自己的身体，说出5种身体感觉，如"我感受到双脚踩地的感觉……"。

—缓慢深呼吸，进行几次自我拉伸（伸懒腰）。上述步骤可重复几次。

第10章 全身扫描

在日常生活中，我们可能很少主动注意自己的身体，总是忽视与身体的连接，仿佛身体只是一台无须过多关注的机器。全身扫描是正念的基础练习，其重点是将细致的觉察带到身体的每一个部位，其目的不仅在于关注身体的物理状态，还在于发展专注、平静及让念头分明的能力。全身扫描练习不受时间和空间的限制，有助于青少年提升对身体的觉察力，重建内心的宁静与平和，从而更好地管理学业等方面的压力。青少年可以通过每天细致地感受每一个身体部位，用善意和好奇心去探索身体的感受，让其成为日常自我关怀的重要部分。

全身扫描时，可能会感受到部分身体区域的紧绷和疼痛，这些是身体发出的疲劳和压力信号。在日常生活中，人们往往会忽略这些信号，或试图通过各种方式快速消除它们。通过全身扫描练习，个体可以学会允许所有不适感存在，这并非消极的忍受，而是积极的接纳。从心理学角度看，当个体抗拒这些不适感时，内心会产生对抗的力量，反而会加剧焦虑和不安。当个体选择接纳时，就会给予内心平静和包容的力量，让身体不适和负性情绪自然地流动、消散。就像不再抗拒湖面上出现的涟漪，而是静静地观察它们，涟漪会逐渐自然地平静下来。

全身扫描可以提升个体对身体感受的觉知能力。随着练习的深入，个体的觉知能力会逐渐增强，能够更加敏锐地捕捉到身体信号，从而及时觉察情绪状态，更好地与情绪共存和处理情绪。

更重要的是，全身扫描提供了一个全新的思考问题的角度。人们通常习惯于通过大脑分析和解决问题，却忽略了身体本身所蕴含的智慧。将注意力转移到身体上时，会打破既往单一的思维模式，从身体的感受中获取信息和启示，为解决问题提供新的思路和方法。例如，当青少年遇到决策困难时，通过全身扫描可能发现身体在考虑某个选择时有放松的感觉，而在思考其他选项时会出现紧张的反应。这些身体的直觉反应也可以帮助他们做出更符合内心真实需求的决策。

一、全身扫描的具体步骤

——选择姿势：若选择坐在垫子上，应注意盘腿而坐，双手叠放，双肩放平、放松，臀部稍高于膝部，双眼微闭或全闭，头颈部保持直立；若选择坐在椅子上，则应双脚踩实地面，身体保持直立和稳定；躺在地面上或垫子上时，双手平放于身体两侧，并感觉身体贴近地面，全身放松。

——开始全身扫描前，先创造一个安全的空间，放松并放下期待，简单地按照指令练习，不要分析和想象。

——感受此时身体的所有感觉。通常情况下，先出现的感觉是放松的舒畅感。觉察此刻的呼吸状态，呼吸会逐渐变得缓和，感受气息进出所带来的身体起伏。

——温和地将注意力转移到左脚，并缓慢地逐一感受脚趾、趾缝、足底、足跟、足面的感觉。单纯感受身体各部位当下所呈现的感觉即可，不用刻意寻找特殊的感觉或创造感觉。

——注意力从左脚缓慢向同侧上移，觉察足踝、小腿、膝部、大腿、骨盆。无须追求舒适感，平等地觉察上述部位。

——至左侧骨盆后，向右脚的方向移动，直达右脚，逐一感受脚趾、趾缝、足底、足跟、足面的感觉。然后，缓慢地逐步到达足踝、小腿、膝部、大腿，再到整个骨盆。

——注意力继续上移，逐一缓慢感受腹腔、胸腔、肩部、双侧手臂、颈部、头部、面部的各个器官，在每个部位停留数十秒，觉察当下的感觉。

——将觉察扩展至全身，以全面的视角感受整个身体。温和地将觉察回归到呼吸，感受气息进出所带来的身体起伏。

——练习结束时，可以带着觉察搓手、按摩脸部、拍打身体，通过这些由小到大的声音温柔地唤醒身心已进入暂歇状态的自己。

二、全身扫描的注意事项

——在全身扫描练习过程中，应放下所有期待和想法，也放下上一次的练习状况。如果练习过程中出现"很难觉察到身体某个部位的感觉""某些部位出现疼痛""不能忍受长时间的全身扫描"等情况，温柔地感受不适感的变化，试着与不适感共存，不要对抗、分析原因或试图快速恢复，尝试接纳当下的感觉或想法，并将注意力重新带回身体，或选择直接将注意力专注于不适感最强的身体部位。经过持续练习，某些未被觉察到的身体部位的感觉会日渐清晰。

——完成练习时，无须快速起身，保持一段时间的静默与平和，以帮助发展聚焦、平静的注意力与正念。

第 11 章 安静的练习

安静的练习是一种随时随地可用的正念技术,通过将注意力集中于身体的感觉、呼吸或周围的声音等,让内心安住于特定的事物,重新与内心世界连接,从而体验平静。安静的练习能缓解青少年的日常压力,提升对当下的觉察力,使心理状态更加平和。对家庭而言,家长与青少年共同练习,可以为孩子提供应对情绪挑战的有效策略。

为什么需要一颗平静的心?相信每个人的心中都有自己的

答案。也许是为了让情绪平稳,更好地与他人沟通;也许是为了提高免疫力或创造温暖的家庭氛围。在练习过程中无须思考这一问题的答案,而是让答案从内心升起。

安静的练习的具体步骤如下:

——保持腰背直立,找到放松而不紧绷的姿势,如坐姿、站姿。

——将注意力带到身体上,放下脑海中的想法、计划、不安、焦虑、恐惧、愤怒。

——感受此刻身体的感觉。将内心安住在身体与外界的接触点上,如平躺时身体与沙发或床垫接触的触感,感受其对身体的支撑;或将注意力放在臀部与椅子或沙发的接触点、双脚与大地的接触点、双手与床垫的接触点。

——如果可行，可以将注意力安住在呼吸上，感受腹部或胸部随着呼吸的一起一伏；也可以将注意力安住在鼻端，也可将一只手指放在鼻端，感受气息的吸入和呼出；或将注意力安住在双耳，聆听周围的声音、房间内/房间外的声音、远处/近处的声音或内心的声音。

——如果上述方法无法使注意力安住，则可以睁开双眼，注意看房间的最远处，如看向窗外的最远处，单纯把注意力放到看见的物体上。

——当注意力从呼吸、从身体感觉、从对声音的觉察上离开，则将注意力轻轻地邀请回来，继续安住在选择的安住点上。

——慢慢睁开双眼，结束练习。

第 12 章 专注力训练

"Mindfulness"一词有两种中文含义,即"正念"和"专注力"。1989年,哈佛大学心理学家埃伦·兰格(Ellen J. Langer)教授通过系统研究发现,专注力与抗衰老、创造力、偏见减少、健康等有关。缺乏专注力会导致青少年难以集中精力完成学业任务,也难以享受当下。通过专注力训练,青少年能够学习如何将注意力集中在特定的身体部位或感觉上,从而提升整体的专注能力。

双脚是身体与大地的直接接触点,是行走、奔跑、站立的根基。从进化心理学的角度看,人类的双脚经历了漫长的进化历程,不仅支撑着身体移动,更在维持身体平衡、协调动作等方面发挥着不可替代的作用,关注双脚其实是回溯本能,找回最原始的稳定感。从心理学的角度看,专注于双脚的练习其实是身心整合的过程。个体可通过对双脚的感知,将注意力从外界的纷扰中

收回至自己的身体,实现身心的连接。通过专注力训练,青少年能够学会关注当下的感受,接纳自己的身体和情绪,而不是抗拒或逃避。这种接纳和关注能够帮助他们更好地处理压力和情绪,增强心理韧性。同时,通过对身体感觉的细致感知,还能提高觉察

能力和专注力，从而更加敏锐地捕捉到身体和内心的变化。

专注力训练的具体步骤如下：

——将注意力集中在双脚。先坐在椅子上，然后起身站立，双脚与肩同宽，身体放松，腰背挺直，肩部自然下垂，手臂置于身体两侧，轻轻闭上双眼。此时，感受整个身体站立时的感觉，感受足底与地面的接触，感受足底承受整个身体重量的感觉。

——将注意力先集中在呼吸上，无须改变或控制呼吸，当感到注意力足够集中时，可以伴随着一次吸气将注意力集中到脚趾上，感受此刻脚趾的感觉，它可能是放松的，或由于长期被忽视而略显紧张。

——如果可以，将注意力集中到拇趾（如果感到不适，可以稍做活动），感受拇趾的趾甲、皮肤、肌肉和骨骼。

——将注意力慢慢转移至第二趾、第三趾、第四趾和小趾，感受每一个脚趾的存在。然后，尝试将注意力稍做扩展，包括整个足部的感觉。如果可以，做一次深呼吸，在下一次吸气时感受整个足部的放松（必须将注意力保持在足部），然后轻轻睁开双眼，慢慢坐回到椅子上。

——继续保持对身体的关注，感受身体与椅子的接触，感受身体重量在椅子上的分布。经过不断练习，个体的身心状态会发生显著的变化，如内心变得更加平静、安宁，思绪逐渐变得清晰；身体更加放松、舒适，肌肉紧张也能得到明显缓解。

第三部分

名家问答

第1问 如何判断孩子是否心理健康？

在探讨青少年心理健康的议题时，需要先明确心理健康的定义及其评估标准。心理健康这一概念虽然广为人知，但其具体内涵却不易把握。以下将从心理活动的构成和心理健康的标准两个维度，详细阐述如何判断青少年的心理健康状况。

1. 心理活动的组成

心理活动通常包含三个核心部分：认知、情感和意志。青少年的心理健康状况可从以下几个方面进行评估。

（1）认知维度（知）：主要指思维的合理性，即青少年的想法是否符合实际情况，如是否存在不切实际的认知偏差。常见的不合理想法包括自卑感（如"我觉得自己不如别人"）、被害妄想（如"周围同学总是在议论我，看不起我"）等。这些认知偏差可能反映出青少年的思维方式存在问题，需要进一步关注和干预。

（2）情感维度（情）：主要指情绪的稳定性，即青少年的情绪波动是否在正常范围内。如果青少年的情绪表现过于极端或持续不稳定，则可能是心理健康问题的信号。

（3）意志维度（意）：主要指意志行为，即观察青少年的行为模式，包括是否沉迷于上网或玩游戏、吸烟、逃学。此外，还需注意意志力的变化，如什么都不想做（意志减退）、每天总要玩游戏或总要拿着手机（意志增强）。这些行为变化通常反映了青少年内在心理状态的调整。

2. 心理健康的判断标准

为了准确判断青少年的心理健康水平，还需要考虑以下两个关键因素。

（1）个体的主观感受：主要指自我感知痛苦，即青少年是否对自己的状态感到痛苦或苦恼。例如，长期存在的自卑感可能带来苦恼。当青少年经常表达出类似的情绪困扰时，家长和教育工作者应当给予足够的重视。

（2）外在功能的影响：主要指社会适应能力，对青少年而言，上学是最为重要的社会功能之一。如果他们无法正常参与学校生活，难以与同龄人相处，则表明可能存在心理健康问题。此外，心理健康问题还可能导致青少年学业成绩下降、社交障碍等问题，从而影响其成长和发展轨迹。

3. 综合评估

综合上述心理活动的构成和心理健康的标准，应从认知、情感和意志行为三个方面来评估青少年的心理健康状况。具体来说，应观察这些心理活动是否已对青少年的生活功能造成了

影响，是否使他们的情绪和心态变得消极。如果青少年因为心理问题而无法适应社会，无法步入正常的生活轨迹，如无法上学或自我成长，则表明他们的心理健康状况可能出现问题。

青少年的成长涉及多个方面，包括学业、自我认知、情商、人际交往和

第1问　如何判断孩子是否心理健康？

自我克制等。心理健康是青少年成长过程中不可忽视的重要组成部分。通过以上分析，希望能够为家长、教育工作者及心理健康专业人士提供一个框架，以便更好地理解和评估青少年的心理健康状况，采取适当的措施，助力青少年的健康成长。

第 2 问　影响孩子心理健康的主要因素有哪些？

心理健康问题通常是由多个因素相互影响所致，那么，什么原因会导致青少年出现心理健康问题？

1. 生物学因素：遗传与天性

遗传特性在很大程度上决定着个体的性格特征，进而影响心理健康。例如，父母的性格（如急躁、内向）可能通过基因传递给下一代。每个孩子的个性存在着先天差异。这种差异使得一些青少年更易受外界环境的影响而出现心理问题。因此，在探讨青少年心理健康问题时，不应忽视生物学因素的作用。

2. 社会学因素：家庭与社会环境

家庭教养方式和社会环境是塑造青少年心理健康的重要外部力量。

（1）家庭氛围：温和的家庭环境有助于培养性格沉稳的孩子；反之，若家庭中常有大声争吵甚至暴力行为，则可能导致孩子形成急躁冲动的性格特质，甚至出现暴力倾向。良好的家庭教育可以在一定程度上弥补青少年先天性格方面的不足，促进其健康成长。

（2）学校与社会：除家庭外，学校和社会在青少年心理健康发展中同样扮演着不可替代的角色。青春期是个体最容易受外界影响的阶段，同伴压力、校园文化及社会价值观都会对其心理发展造成深远影响。因此，营造积极健康的教育环境和社会支持

| 第 2 问 | 影响孩子心理健康的主要因素有哪些？

系统至关重要。

3. 个人因素

在生长发育过程中，青少年并非完全被动地由遗传因素和外界环境所塑造，而是能够主动做出反应并吸收信息。面对挑战时，他们能够主动应对外界的刺激因素，并做出相应调整。

青少年心理健康的形成是多因素交织的复杂过程。生物学因素为其提供了起点，社会学因素会在成长过程中不断塑造青少年的行为和情感，而个人因素则是青少年主动与外界互动和适应的结果。这三者相互影响，共同决定了青少年心理成长的走向。因此，维护青少年心理健康需要家庭、学校和社会的共同努力。家长和教育工作者应当提供支持性的环境，帮助青少年发展健康的自我认知，培养积极的应对策略，并鼓励他们发挥自身的主动性。

第3问 青少年抑郁的主要表现是什么？

当人类遇到危险或应激状况时，通常有两种反应：一是去战斗，努力克服和解决问题；二是当战斗无效时选择逃跑。对动物来说，当遇到巨大的威胁而无法逃脱时，会选择装死。同样，抑郁也可被理解为个体在无法应对生活压力或应激事件时的"装死"状态。

青少年内心世界的起伏如同奔涌的潮水。当经历持续的情绪低落时，他们通常会出现以下典型症状：①思维迟缓（认知层面）：思考速度明显变慢，注意力难以集中，阅读时理解困难。这种状态会影响学习效率和个人表现，进而加剧内心的挫败感。②兴趣丧失（情感层面）：原本感兴趣的事情变得索然无味，做什么都觉得没意思。无论是曾经喜欢的游戏还是热爱的活动，都无法激起他们的热情，整个人显得十分消沉。③活动减少（行为层面）：由于缺乏动力和兴趣，日常活动也相应减少。他们可能整天卧床不起，不愿出门活动，甚至对日常生活中的小事也不再关心。

总体来讲，处于抑郁状态的个体会出现与世界脱节的感觉，呈现出退缩和"假死"状态。抑郁情绪较严重时可能发展为抑郁症。如果上述症状持续超过2周，家长和教育工作者应警惕抑郁症的可能性，并考虑寻求专业帮助。

青少年抑郁情绪是一个不容忽视的问题，它可能严重影响青少年的生活质量和心理健康。通过识别抑郁情绪的信号、提供支持和理解、寻求专业帮助、建立健康的生活习惯和增强社交互动，可以有效地帮助青少年应对抑郁情绪。

第4问 孩子抑郁了怎么办？

在青少年的成长旅途中，抑郁情绪如同一片突如其来的乌云，会暂时遮蔽天空中的阳光，它是一种正常的情绪，是成长躲不开的小插曲。抑郁情绪并不是病，也不等同于抑郁症。作为家长，应如何正确认识并引导孩子面对抑郁情绪？

1. 正确认识抑郁情绪

负性情绪（如难过、抑郁、焦虑、紧张、害怕）有助于青少年更好地认识自己与环境，并推动问题的解决。因此，体验和处理抑郁情绪是青少年成长必须经历的部分。一般情况下，抑郁情绪不需要进行治疗。家长无须过度担忧孩子的负性情绪（如孩子怎么连续3天没有笑了？孩子怎么哭了？），更不应抹杀其表达负性情绪的权利（如要求孩子不能哭，不能情绪低落）。家长应允许孩子体验并处理负性情绪，每一次从抑郁情绪中走出来的过程，都是自我心理成长的过程，这有助于他们在心理上更为成熟和坚韧。但是，当抑郁情绪强烈且持续时间过长，甚至影响日常功能时，则可能发展为抑郁症，此时需要及时关注和干预。

2. 家长的应对策略

（1）观察与倾听。当青少年出现抑郁情绪时，家长应先冷静观察孩子的状态，注意情绪的持续时间与强度。如果抑郁情绪短暂，如因考试失利而感到沮丧，大多数青少年能在 1～2 天通过自我调整而逐渐恢复。如果抑郁情绪持续数周甚至更久，且伴随学习兴趣丧失、社交回避或生理功能异常等情况，家长需予以重视。此时，最重要的是鼓励孩子表达感受。应保持温暖和开放的态度，营造安全的沟通氛围，让孩子愿意诉说内心的苦闷。

（2）寻求专业帮助。当青少年无法明确自己的状态或家长难以判断时，寻求专业人士的支持至关重要。心理咨询师或学校的心理老师可以帮助评估孩子的心理状况，提供适当的建议或进一步的治疗方案。在寻求专业帮助的过程中，与孩子保持沟通尤为重要，同时应尊重孩子的隐私和意愿，这样能够让他们感到父母是自己强有力的后盾。这种合作与信任是心理干预取得成效的关键。

（3）注重心理健康教育。心理健康教育应从幼年时期开始，其中包括情绪的识别及自我管理。家长在心理健康教育中扮演着重要角色。家长可以通过与孩子交流，帮助他们认识情绪，如询问："今天发生了什么让你高兴或难过的事情？"这种简单的互动不仅能增进亲子关系，还能潜移默化地培养孩子的情绪表达能力。同时，家长可以通过讲故事、做游戏等方式，教会孩子识别和管理自己的情绪。通过早期的情绪管理教育，孩子能够在成长中形成健康的心理应对模式。

抑郁情绪是每个人都会经历的心理体验，尤其是处于成长阶段的青少年。家长需要正确认识抑郁情绪，避免过度担忧或忽视。当孩子面临抑郁情绪时，家长可以通过观察、倾听、寻求专业帮助，以及培养心理健康意识，帮助孩子更好地应对情绪挑战。通过科学且充满爱意的陪伴，家长不仅能为孩子的心理健康发展奠定良好的基础，还能让他们在未来面对挫折时更加坚韧和自信。这份理解与支持，将是孩子成长路上最珍贵的礼物。

第 5 问　孩子表现出自残或自杀倾向怎么办？

近年来，青少年出现自残、自杀倾向的现象逐渐增多，这不仅令人担忧，更引发了家庭和社会的深刻反思。当孩子表现出自残或自杀行为时，家长的第一反应往往是震惊或恐惧。然而，这些行为背后通常隐藏着深层的情感困扰。

1. 青少年自残、自杀行为的性质与成因

自残和自杀行为通常是孩子发出的求助信号，表明他们的情绪已经超出了自身的承受能力。最常见的自残行为包括用小刀划伤手臂或抓挠皮肤致其破损等。很多门诊就诊的青少年患者在小学低年级时就感觉生活缺乏动力，在小学高年级时就有过轻生的想法，初中时就开始尝试自残，这些行为不仅反映了他们的心理危机，也表明他们缺乏有效的情绪调节机制。

物质生活的极大丰富使得青少年不再需要为基本生存而奋斗，而更多地是思考人生的意义。在缺乏正确引导的情况下，他们可能会陷入迷茫，甚至认为生命毫无价值。此外，中国传统教育中关于生命意义的探讨相对缺乏，这也使得许多青少年在面对挫折时缺乏足够的心理韧性。

2. 家长的应对方式

面对孩子自残或自杀的行为，家长需要以科学的态度和正确的方法介入，以帮助孩子重新认识生命的价值，找到生活的意义

与希望。

（1）及时关注情绪信号。家长应关注孩子的日常表现，包括情绪波动、学习态度和人际交往。如果发现孩子情绪低落、回避交流或出现异常行为，应尝试与之沟通，了解其内心想法。如果已经发生自伤等冲动行为，应及时就诊，第一时间进行风险评估及治疗。

（2）重视内在价值的培养。帮助孩子建立内在价值感是应对问题的关键。建立内在价值感意味着孩子能够认识到自身的独特性和不可替代性，而不依赖外界的成就或他人的评价来确认自身价值。家长可以通过无条件的爱来支持孩子，而不是将爱与成绩或表现挂钩。例如，家长应该让孩子明白，无论学习成绩如何，他们的存在本身就值得被爱和尊重。内在价值感可以帮助青少年在面对学习和生活中的失败时，仍然坚信自己是有意义的和被爱的。

（3）提供多样的生命价值支撑。单一的目标或价值体系容易导致青少年在失败时失去方向。因此，家长应鼓励孩子探索多样化的兴趣和爱好，如艺术、体育、科技或社会活动。这些丰富的经历能够帮助青少年发现更多的生活意义，并提供心理支持。

（4）创造安全感。在成长过程中，家长可以通过陪伴、倾听和互动来持续增强孩子的安全感。让孩子感受到父母的爱没有任何附加条件是非常重要的，这能让他们在遇到挫折时坚信家庭是他们的情感避风港。

（5）合理的管教与接纳。接纳并不意味着纵容青少年的错误行为。在青少年出现不当表现时，家长应以适当的方式进行管教，树立正确的是非观念。例如，当孩子欺负同学、违反校纪校规时，管教绝不能缺失。家长做到接纳与管教并行，是帮助孩子理解责任与爱的有效途径。

第 5 问 ｜ 孩子表现出自残或自杀倾向怎么办？

3. 社会与教育的协同作用

除了家庭的努力，社会和学校也应承担起责任。学校应加强心理健康教育，通过讲座、课程和心理辅导，帮助青少年认识自我价值，并学习情绪管理技巧。同时，校内辅导员或心理咨询单位应具备风险评估及危机干预能力，若学生出现自伤等冲动行为，应能及时将其转介至精神专科医师。此外，社会应提供更多的公益资源和活动平台，帮助青少年在多样化的实践中找到生命的意义。

第 6 问　孩子不想上学怎么办？

在青春期这一充满挑战与变化的时期，孩子可能会因沉迷于网络游戏等娱乐活动，而出现抗拒学校教育的情况。那么，如何引导这些迷茫的青少年重新发现学习的价值，激发他们对知识的渴望？

学习（特别是间接学习）通常需要超越本能的意志力。对成人而言，这种意志力是经过多年培养而形成的，但对于青少年，这种能力尚未发展成熟。人体的大脑前额叶皮质发育最晚，这使得青少年难以抑制冲动，更倾向于由本能驱动行为，而结构化的教育在某种程度上违背了青少年的本能。因此，青少年对学校教育出现抵触情绪是自然而正常的，需要通过科学策略，唤醒其心底的求知火种，让他们理解知识的乐趣与价值，从而产生自我驱动的学习动力。

1. 理解学习的本质

直接学习是指通过实践操作获取新技能的过程，如学习烘焙、骑车、游泳等；间接学习是指通过书本进行学习，更多依赖于对书本知识的记忆和理解。大多数情况下，后者相对枯燥乏味，需要依靠意志力才能坚持完成，而很多青少年并不具备这种意志力，需要进行正确引导。

2. 激发自主学习动机

首先，可根据青少年的个体特点，探索提高其学习效率的方法和技巧。其次，激发自主学习的内在动机。具体方法包括链接兴趣与学习、赋予学习价值感、用反馈强化正向行为等。例如，在取得好成绩并得到老师和家长的表扬后，学习兴趣通常会随之增长。对青少年来说，学习的未来益处可能难以理解，但直观的感受是良好的学习成绩能赢得认可和赞赏，从而增强自我价值感。

3. 增加学习趣味性

尝试将学习内容与孩子的兴趣爱好相结合，使学习过程变得更加有趣。例如，通过游戏化学习、互动式教学等方法创造有趣的学习环境。

第7问　孩子吸烟、饮酒怎么办？

青春期是试探规则和界限的时期，青少年可能出现吸烟、饮酒等不良行为，这常让家长感到困惑和担忧。面对这些现象，仅依靠批评和惩罚通常难以奏效。因此，理解孩子行为背后的动机，提供健康的替代方式，并通过建立信任来影响他们的选择，是家长应采取的主要策略。家长的耐心与关爱是这个过程中最重要的工具，其有助于有效地引导孩子找到真正有意义的成长路径。

1. 理解行为背后的动机

当发现孩子吸烟和饮酒时，应冷静分析其动机。成人通常将吸烟和饮酒视为一种短暂缓解压力的方式，如烟草中的相关成分可以促进去甲肾上腺素的释放，从而改善情绪。

不同于成人，青少年的一个重要动机是好奇和模仿。青春期是探索自我、树立个性的阶段，青少年可能会通过尝试新事物来寻找自我定位。他们会将电视、电影中偶像吸烟和饮酒所呈现的"酷"形象，视为表达叛逆和个性的方式，并进行模仿，而不是出于真正的需求。

追求身份认同和成人化象征也是青少年吸烟和饮酒的主要动机之一。部分青少年由于受到不良社会影响，误以为吸烟、饮酒是"长大"的标志，试图借此证明独立性。此外，青少年也会受到家庭环境的影响，认为吸烟、饮酒是正常行为。

当发现孩子吸烟、饮酒时，首先，观察其社交圈变化，如果孩子频繁与吸烟、饮酒的同伴交往，则可能是在模仿和追求同伴的身份认同；如果他们近期情绪波动明显、压力大，则可能是为了缓解情绪和压力。其次，询问青少年对烟酒的看法。如果他们认为吸烟"很酷"，则可能是为了表达叛逆和个性而进行模仿；如果回答是"你们家长也抽烟"，则可能是受家庭影响。

2. 正确的引导方式

家长和教育工作者需要采取更深层次的引导，而不仅是简单地禁止。单纯强调"吸烟和饮酒不好"或强制阻止，可能会激发青少年的逆反心理。第一，应引导孩子探讨自我价值和人生目标，而不是直接否定。家长可与青少年讨论"你长大想成为一个什么样的人？"从而帮助孩子思考自身行为的意义，确立自我价值。例如，一些针对青少年的哲学启蒙书中会探讨"要怎么去生活？""人为什么要学习？""我们为什么要工作？"等问题。第二，应加强教育与认知。通过科学讲解烟酒的危害（如脑功能损害、成瘾机制）破除错误认知。第三，改善家庭环境。家长应以身作则戒烟戒酒，与孩子共同探讨戒烟戒酒的益处。第四，提供替代解压方式，如通过运动、艺术等健康活动替代烟酒依赖。

第8问 孩子与人发生冲突怎么办？

在成长过程中，青少年难免会与他人发生冲突，这是社交技能发展的重要组成部分。与其回避或消极处理冲突，不如将其视为教育契机。家长可通过帮助孩子认识冲突的意义，并教授有效的冲突解决方法，使孩子在未来的社交中更加从容与自信，从而更好地应对人际挑战。

人是社会性动物，只要有群体，就可能有冲突。首先，应区分普通冲突与霸凌。大多数青少年之间的冲突是由冲动或误解导致的，并非恶意攻击。青少年阶段需要经历人际之间的交往、冲突、让步、互惠和互助。然而，如果涉及长期的身体或言语欺凌，家长应立即严肃制止。其次，在正常的小冲突中，家长需确定一些界限，如不能有严重的肢体冲突或言语伤害。

如果冲突已经发生，应先让孩子区分吵架的表面行为和底层需求（因特定事情而生气 vs. 因内心需求未得到满足）；然后引

导孩子换位思考，以对方的视角看待问题（如写一封解释信）；最后，鼓励孩子自主提出双方能接受的解决方法，避免家长过早介入而剥夺孩子自主解决冲突的机会。冲突解决后，可与孩子一起回顾整个事件的过程，强化正确解决冲突的认识。

第9问　孩子不愿与家长说话怎么办？

许多青少年不愿意与父母交流，这并非对父母冷漠，而是因为家长的沟通方式让他们感到压力或不适。家长应学会倾听，避免单向说教，并通过调整交流模式，逐渐获得孩子的信任。

1. 理解沟通的障碍

很多家长认为自己是在与孩子交流，但实际上却只是单方面的说教。例如，当孩子分享考高分的喜悦时，家长却回应："你看，好好学习就能考100分，以后是不是还要继续好好学习啊！"虽然这种回应是出于善意，但却忽视了孩子的情绪，只是强调了家长的期待。真正的沟通应该是双向的，通过倾听和理解建立联系，而非单方面的指导或评价。

2. 实现真正的沟通

（1）克制评价的冲动。当孩子进行表达时，家长应克制评价、指导和建议的冲动。例如，当孩子表达在学校遇到困难时，家长可以先回应他的情绪："听起来你今天过得不太顺利，对吗？"这种回应能让孩子感到被理解，愿意进一步分享。

（2）理解青少年的需求。青春期是探索自我的关键阶段，他们渴望被尊重和认可，愿意表达和接收反馈。家长可以通过提问来引导对话，如"你为什么会这样想？""能说说你的感受吗？"通过这样的方式，孩子会感到自己的观点受到重视，进而更愿意沟通。

3. 营造开放的沟通环境

（1）倾听而非控制。沟通的前提是让孩子感到安全和被接纳。家长需要避免批评或责备，而是专注倾听。例如，当孩子分享想法时，家长应保持专注和耐心，体会孩子说话时的情绪状态，以及他们想要分享和表达的核心。

（2）建立日常交流习惯。良好的沟通需要在日常生活中培养。家长可以通过共同活动（如做饭或散步），创造轻松的交流氛围。这种方式能让孩子更自然地表达自己。

4. 家长的自我反思

改善沟通需要家长反思自身行为：
- 是否经常以说教的方式交流？
- 是否倾向于用自己的标准评价孩子的表达？
- 是否能真正倾听孩子的感受，而非只关注事情结果？

通过反思和调整沟通方式，家长能够更加了解孩子的需求，成为他们最信赖的倾诉对象。这种亲密的关系将为孩子的成长注入更多信心和动力。

第10问 孩子爱攀比怎么办？

青春期是自我认同和价值观形成的重要阶段。在这个过程中，青少年常存在攀比心理，即表现出模仿和对比行为。这种现象涉及社会和心理双重因素，也是青少年探索自我、融入社会的表现。若能正确理解并引导，将有助于青少年心理健康的发展和内在价值感的建立。

1. 攀比心理的本质

攀比是一个带有贬义的词汇，但从心理健康的角度看，攀比心理的实质是青少年树立自我、寻求自我、寻求同伴接纳与社会认同的需求。他们通过观察同龄人的行为（如别人在做什么）、言语（如别人在说什么）及外在符号（如别人穿什么）来校正自己，从而确认自己的社会定位。在这一过程中，青少年希望通过与他人保持一致来融入群体，并获得同伴的认可。此外，青少年会非常注意周围人对自己的评价，渴望趋同，甚至盲目模仿和跟风。

2. 正确引导

从心理学角度看，攀比心理所反映出的需求本身并无对错。问题的关键在于如何引导孩子正确看待这种心理，避免他们过度地被外界的潮流和价值观所左右，而是从内心找到稳定的自我定位。

（1）建立内在价值感。内在价值感是青少年心理健康的重要支柱。家长应帮助孩子认识到个人的价值并非由外在物质或他人评价来决定，而是源于自身独特的品质与努力。例如，应肯定孩子在学习过程中的投入和成长，而非仅关注考试分数。此外，可以通过参加心理教育课程或心理团体活动，通过游戏的方式启发青少年思考"我的价值来自哪里"，引导他们关注自己的兴趣、能力和情感需求，形成稳定的人生观。

（2）鼓励积极的行为选择。家长和学校可以为青少年提供健康的替代行为，以满足他们的社交需求。例如，鼓励孩子参与体育、艺术或公益活动，让他们在这些积极的行为领域中体验到归属感与成就感，进而减少对外在符号的依赖。通过共同完成有意义的任务（如社区服务或家务劳动），家长还能与孩子建立更深层的连接，帮助他们从实践中感受到自身的价值。应注意，消除青少年不良行为的方法不是直接改变或打压（可能引起逆反心理，并让孩子体验到反抗权威的乐趣），而是建立更有趣的、更能激发正向反馈的行为，引导孩子投入到有利于身心健康的行为中。

第11问 孩子敏感、冲动怎么办？

青春期是生理和心理快速发展的阶段，这使得青少年会变得异常敏感，能捕捉外界的微小变化并迅速做出反应。由于抑制功能的不足（因为负责理性思考、意志力、控制冲动的关键区域——前额叶皮质的发育相对滞后，其通常约在20岁逐渐发育成熟），青少年的情绪容易波动，甚至走向极端。他们可能因为一件小事而情绪高涨、兴高采烈，也可能因为好朋友说了一句令人难过的话而马上情绪低落。此时，家长和教育工作者需要注意以下几点。

1. 给予适当空间

尊重个人隐私。允许孩子在一定范围内自由表达情绪和想法，不要过度干涉其私人事务，强硬压制只能适得其反。尊重孩子的个人空间不仅有助于增进信任，还能让他们学会如何管理自己的情绪。

2. 设立明确界限

划定行为底线。在提供一定自由度的基础上，必须明确告诉孩子底线在哪，哪些行为绝对不允许发生，如吸毒、伤害他人或伤害自己。通过设立清晰的行为准则，可以帮助孩子树立正确的是非观，避免因一时冲动而做出错误决定。

3. 引导健康宣泄

鼓励正面活动。建议青少年将有益身心健康的活动作为释放压力的有效手段。同时，可以引导孩子通过写作、绘画等方式表

达内心感受，从而达到调节情绪的目的。

家长和教育工作者是滋养青少年心理健康的肥沃土壤，应给予温暖包容，也需立下明晰界限，凭借耐心、智慧与爱，陪伴他们一路成长，帮助他们学会管理自己的情绪，无畏地迎接未来的每一场挑战。

青少年心理健康是一个复杂而又充满活力的话题，它涵盖了从生理到心理、从个人到社会等多个层面的因素。希望本书能够为广大读者提供有价值的参考，帮助大家更好地理解和应对青少年面临的各种心理挑战。让我们携手同行，为青少年营造出健康的成长环境！